高等职业院校"虚拟现实技术应用"专业精品课程系列教材

虚拟现实技术概论

张娟　姚亮　主编

电子工业出版社

Publishing House of Electronics Industry

北京·BEIJING

内 容 简 介

本书分为 6 章：第 1 章，虚拟现实技术萌芽阶段，主要介绍了虚拟现实的设想及人类首次体验虚拟现实；第 2 章，虚拟现实技术初现阶段，介绍了头戴式显示器的诞生、三维图像模型的实现和虚拟现实初现阶段的关键技术及初步应用；第 3 章，虚拟现实技术进阶阶段，介绍了虚拟现实技术概念的正式提出、技术特点及产品商业化尝试；第 4 章，虚拟现实技术完善阶段，详细描述了日渐成熟的虚拟现实技术的分类、关键技术的发展进步和硬件设备的迭代；第 5 章，虚拟现实技术产业应用，详细讲解了虚拟现实技术在教育、军事、工业、文化与娱乐、医疗、城市规划、科学计算可视化等领域的具体应用案例；第 6 章，虚拟现实技术未来展望，从软硬件产品、关键技术、体验效果及应用领域等方面预测了虚拟现实技术的未来发展趋势，介绍了虚拟现实技术与其他先进技术的融合。

本书可用作高等职业院校和普通高等学校虚拟现实类相关专业的教材，也可供虚拟现实相关专业技术人员参考。

图书在版编目（CIP）数据

虚拟现实技术概论 / 张娟，姚亮主编. —北京：电子工业出版社，2021.9

ISBN 978-7-121-37985-7

Ⅰ. ①虚… Ⅱ. ①张… ②姚… Ⅲ. ①虚拟现实－高等学校－教材 Ⅳ. ①TP391.98

中国版本图书馆 CIP 数据核字（2019）第 255724 号

责任编辑：左　雅　　　　　　特约编辑：田学清
印　　刷：大厂回族自治县聚鑫印刷有限责任公司
装　　订：大厂回族自治县聚鑫印刷有限责任公司
出版发行：电子工业出版社
　　　　　北京市海淀区万寿路 173 信箱　　　　　邮编　100036
开　　本：787×1 092　　1/16　　印张：12.75　　字数：326 千字
版　　次：2021 年 9 月第 1 版
印　　次：2024 年 8 月第 5 次印刷
定　　价：45.00 元

Preface 前言

虚拟现实（Virtual Reality，VR）技术，是 20 世纪末发展起来的一门综合性信息技术，融合计算机技术、多媒体技术、电子信息技术、仿真技术及传感技术于一体，可创设出具有逼真效果的视觉、听觉、触觉、嗅觉和味觉一体化的虚拟环境。用户借助辅助设备能够以自然的方式与虚拟环境内的对象进行交互作用，从而使用户产生身临其境的感受和体验。经过近几年的技术沉淀，虚拟现实技术与其他先进技术充分融合，形成了"互联网+大数据+人工智能+虚拟现实"的大格局，开创了虚拟现实技术发展新局面，而虚拟现实技术也为其他各行各业提供了新的发展方向。虚拟现实技术被广泛应用于游戏、新闻媒体、社交、体育比赛、电影、演唱会、教育、电商、医学、城市规划、房地产等各个领域。凭借崭新的人机交互模式，虚拟现实技术得到了全世界广泛的关注。

为了更好地梳理虚拟现实技术的发展脉络，贯彻高等职业院校"虚拟现实技术应用""虚拟现实技术"专业教学标准，北京信息职业技术学院张娟、姚亮老师编写了《虚拟现实技术概论》一书，为"虚拟现实技术应用"等相关专业理论课程体系贡献一份力量。

主要内容

本书以虚拟现实技术发展历程为主线，详细介绍了虚拟现实技术从萌芽到完善的发展过程及关键技术和设备的更新迭代。全书共 6 章：第 1 章，虚拟现实技术萌芽阶段，这一时间段为 1963 年以前，主要介绍了早期人们对沉浸感和立体视觉的追求、对虚拟现实的幻想及人类首次体验虚拟现实；第 2 章，虚拟现实技术初现阶段，1963—1972 年，介绍了头戴式显示器的诞生、Ivan Sutherland 开发的虚拟现实技术里程碑式的虚拟现实设备 Sword of Damocles、三维图像模型的实现和虚拟现实初现阶段的关键技术及初步应用；第 3 章，虚拟现实技术进阶阶段，1973—1989 年，介绍了虚拟现实概念的正式提出、技术特点及产品商业化尝试；第 4 章，虚拟现实技术完善阶段，1990—2016 年（VR 元年），介绍了致使虚拟现实技术全面爆发的推动事件，详细描述了日渐成熟的虚拟现实技术的分类和特征，以及关键技术的发展进步和硬件设备的迭代；第 5 章，虚拟现实技术产业应用，介绍了此阶段日益丰富的虚拟现实产品，详细讲解了虚拟现实技术在教育、军事、工业、文化与娱乐、医疗、城市规划、科学计算可视化等领域的应用；第 6 章，虚拟现实技术未来展望，介绍了国内外虚拟现实技术的发展现状、虚拟现实技术与其他先进技术的融合，并从软硬件产品、关键技术、体验效果及应用领域等方面预测了虚拟现实技术的未来发展趋势。

编写特点

本书详细介绍了虚拟现实技术每一步发展的特点、关键技术和商业化应用等内容，内容全面，囊括了虚拟现实技术发展历程中涉及的重大事件、明星产品、关键技术和重要人物。本书以虚拟现实技术发展的进程为主线，按照时间顺序对虚拟现实技术的发展阶段进行划分，对每个阶段的技术和应用分别进行叙述。本书内容安排逻辑性强，提高了教师讲授和学生学习过程的延续性，便于实施教学。全书语言描述清晰简练，力争用讲故事的口吻将虚拟现实发展历程中的重大事件和技术革新娓娓道来，提高了可读性。另外，本书引用了大量虚拟现实技术发展和应用的真实案例，将产业发展的新技术、新产品、新理念等内容融入书中，注重行业发展与教学内容相结合，有利于加强师生对实践课程的理解。

适用对象

本书适合高等职业院校和普通高等学校虚拟现实类相关专业学生学习使用，可以帮助学生全面学习虚拟现实技术的知识体系，掌握虚拟现实技术的概念、特点、关键技术，了解虚拟现实技术的应用领域及发展趋势，培养学生的专业兴趣，使学生更好地适应行业发展的需求，为学生就业奠定坚实的理论基础。本书也适合从事虚拟现实技术相关工作人员和研究人员使用，可以帮助从业者全面熟悉虚拟现实技术的发展，了解关键技术的进步和产品的更新迭代及发展方向，帮助从业人员更好地规划自己的职业发展。

由于作者水平有限，加之时间仓促，书中难免存在一些缺点和不足，恳请广大读者批评指正。

编　者

Contents 目录

第1章
虚拟现实技术萌芽阶段

1.1 追溯源头

1.1.1 沉浸感的探索

在虚拟现实的概念和定义正式成型之前，人们已经开始了对虚拟现实的研究，如果我们将虚拟现实定义为通过某种手段实现将自己置身于某种想象中的场景的话，那么人类开始的最早的尝试，应该从 18 世纪后期的全景画开始。全景画的创始人是爱尔兰人 Robert Barker，他在 1787 年发明并获得了全景画的专利。1788 年，Robert Barker 创作的全景画《爱丁堡风景》在伦敦展出，四年后他创作的《伦敦全景》轰动伦敦，"全景画"一词也随之诞生，并被载入辞典。这种大型环状室内全景画多以油画为主，以不同时空和众多情节场景组成画面，从不同的侧面反复强调同一主题。画面覆盖圆形大厅整个内墙面，可供观众环顾四周以欣赏。1812 年 8 月 26 日的博罗季诺战役是俄罗斯历史上最重要的战役之一，由于存在极高的纪念价值，在 19 世纪末期，军事委员会委托画家鲁勃创作了一幅纪念博罗季诺战役的全景画作，完整地展现浩荡的战场。这幅全景画全长为 115 米，高为 15 米，目前存放在博罗季诺战役纪念馆中。《博罗季诺战役》全景画（局部）如图 1-1 所示。

图 1-1　《博罗季诺战役》全景画（局部）

这些全景画试图铺满人们的整个视野，通过在画面之前陈列一些与主题有关的模型，在剧院式灯光的作用下，灯光与画面重叠交错，有的甚至加上音响、旁白、活动模型和道具，形成一种综合性艺术，以此让观众感觉自身完全置于某些历史事件和场景中，使观众获得身临其境的真实而特殊的感受。这是一种全新的展现形式，可以称之为 360°壁画（亦可称之为全景绘画），和现在 VR 最基础的呈现形式有着异曲同工之妙，即将原本平面的场景营造出立体感。

19世纪后期，全景画在法国、德国、俄国、波兰、匈牙利等国先后发展起来。苏联的全景画《斯大林格勒大会战》规模最为宏大。中国画和日本画中的山水画、风俗长卷，在一定意义上可被认为是全景画，如中国北宋张择端的《清明上河图》，如图1-2所示。想象一下，如果这样的图画被记录在弧面的墙壁上的话，更能够占据观看者的视线范围，这其实就是一种"沉浸式"的体验，只不过是静态的，但是，这些全景画都体现了人们对临场记录及新的显示方式的追求。

图1-2　《清明上河图》（局部）

1.1.2　立体视觉的探索

早在五千多年前的古埃及，人们就已经有了对三维成像技术的追求。考古发现，古埃及壁画中的人物形象的造型，大部分都把脸表现为侧面的姿态，而眼睛和躯体保持正面姿势，整个人物从头到脚有两次90°的转向。真人或站或坐都无法保持这种姿势，但这种奇特的造型可使人物具有立体感和厚重感。古埃及追求立体效果的壁画如图1-3所示。

图1-3　古埃及追求立体效果的壁画

到15世纪初欧洲文艺复兴时期，意大利建筑师Bruneselleschi对"绘画透视"进行了首次论证。达芬奇也曾在他的著作 *Trattato della Pittura* 中引用"透视框"的概念作为他研究远景透视的依据。另外，达芬奇还创造了一套名为"空气透视"的理论，描述了空气薄雾对视觉的影响，解释了场景的色彩逐渐消失在远景之中的现象。

如果说全景画只是对于沉浸状态的一种最为直观的表现形式，那么 1838 年，英国物理学家 Charles Wheatstone 的研究正式开启了 VR 的技术基础。Charles Wheatstone 发现，人类通过大脑处理双眼看到的不同视角的二维图像后，才得到三维的概念。研究证实，大脑可以将双眼看到的不同视角的二维图像处理成单一的三维物体。进一步研究之后，Charles Wheatstone 发明了体视镜，这是最早可以观看 3D 立体图像的装置。他的装置看似复杂庞大却很有效，如图 1-4 所示。仅仅通过两面倾角为 45° 的反射镜及分摆在两侧的图片，当人眼从正面直视反射镜时，双眼看到的同一物体的成像是不同的，从而产生三维的立体视觉感受，由此开启了人们的 3D 视觉体验。

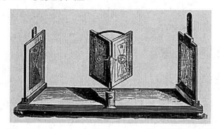

图 1-4　Charles Wheatstone 发明的体视镜

1849 年，苏格兰科学家 David Brewster 改进了体视镜。作为 Charles Wheatstone 的竞争对手，他针对体视镜图片分开摆放且笨重复杂的缺点对体视镜进行了改进。他利用棱镜将图片限制在一个特定大小的盒中，如图 1-5 所示，这不仅大大缩小了体视镜的体积，还使其更方便观察和携带。改进之后的体视镜在 1851 年的万国博览会上进行了展览，并幸运地得到了维多利亚女王的青睐。随后，一夜之间，250 000 个体视镜被生产出来，立体图片风靡一时。

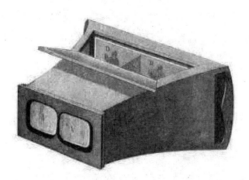

图 1-5　David Brewster 改进后的体视镜

1860 年，老奥利弗·温德尔·霍姆斯发明了"美国体视镜"。它由两个棱形透镜和一个木架组成，因为发明者放弃了专利申请，所以其价格经济实惠，再加上其可手持、流线形的特点，使之成为 19 世纪人们观看 3D 图像最流行的工具。

通过立体照相机观看两个并排的立体图像或照片可以给用户深度感和沉浸感，1939 年，William Gruber 发明了 View-Master 立体照相机并申请了专利，如图 1-6 所示，这款立体照相机在虚拟旅游方面得到了很好的应用。当今流行的虚拟现实设备 Cardboard 和低成本的 VR 手机支架都应用了立体成像的设计原理。这一原理实际上就是目前简易 VR 设备（如 Google Cardboard）的工作原理。

图 1-6　View-Master 立体照相机

1.1.3　科幻小说中虚拟现实的探索

1932 年，英国著名作家 Aldous Huxley（阿道司·赫胥黎）推出长篇小说《美丽新世界》，这篇小说以 26 世纪为背景，描写了机械文明的未来社会中人们的生活场景。这本书中提到"头戴式设备可以为观众提供图像、气味、声音等一系列的感官体验，以便让观众能够更好地沉浸在电影的世界中。"虽然书中并没有关于这款设备的具体称呼，但以今天的视角来看这显然是一款虚拟现实设备。

1935 年，美国著名科幻小说作家 Stanley G. Weinbaum 在一篇名为《皮格马利翁的眼镜》的作品中设想了这样一项技术：体验装戴上一副眼镜，就能够体验到包括视觉、嗅觉、味觉及触觉在内的虚拟世界。Stanley G.Weinbaum 的这篇小说被很多人认为是探讨虚拟现实的第一部科幻作品，是对"沉浸式体验"的最初描写，故事中详细描述的以嗅觉、触觉和全息护目镜为基础的虚拟现实系统，和今天的虚拟现实装置一模一样。

关于"虚拟现实"这个词的起源，目前最早可以追溯到 1938 年法国剧作家、诗人、演员和导演安托南·阿尔托的知名著作《残酷戏剧——戏剧及其重影》，在这本书里安托南·阿尔托将剧院描述为"虚拟现实（la réalitévirtuelle）"。

1950 年，美国科幻作家雷·道格拉斯·布莱伯利在小说《大草原》（*The Veldt*）一文中提到虚拟旅游的桥段，描述了一所名叫 Happylife 的房子，里面装满各种各样的机器，能让孩子置身于非洲大草原。这也是今天人们推崇的"沉浸感"体验。

人类对科技的挺进，多是基于文学或者艺术作品体现出来的。一个作家在一个作品中提出构想，接着会有另外一个作家在另一个作品中进行完善，慢慢把大家在发展过程中所遇到的需求包装成科幻作品提出来，等待伟大的科学家来实现。

1.2　首次体验

1.2.1　飞行训练模拟器

20 世纪 20 年代后期，一个名叫埃德温·林克（Edwin A.Link）的年轻人开始学习飞行，他当时还在父亲位于纽约宾汉姆顿的管风琴和钢琴制造厂工作，这一职业经历后来改变了飞行训练科学的历史。自幼年时，埃德温·林克（见图 1-7）就渴望飞行，当时飞行学员只能依靠其他飞行员带飞学习，学习飞行不仅花费不菲，而且极其耗时和危险。美国参加第一次世界大战后，生产了大量双座教练机，其中最为著名的就是柯蒂斯 JN4——"珍妮"。战后，一些"珍妮"进入民用领域，但学习飞行仍然很"烧钱"。1927 年，在花费许多金钱和数年时间后，林克终于拿到了飞行执照，此时美国经济已显颓象，对于大多数美国人而言，飞行训练课程的费用变得更加难以接受。在反思了自己的学习过程后，林克开始考虑寻找一个更好的学习方法，他决定制造一台地面飞行训练模拟器，用来学习基本驾驶技能，这样可以缩短昂贵的飞行课时。

图 1-7　埃德温·林克（Edwin A.Link，1904—1981 年）

1928 年，林克离开了父亲的管风琴工厂，完全投入到模拟器的制造中。凭借自己制作管风琴的丰富经验，林克大胆地采用了管风琴零件，并采用压缩空气作为动力。1929 年，整整 18 个月后，林克制造出首台飞行训练模拟器，这台模拟器外观颇似一架游乐场里的玩具飞机，短粗的机身安装在一个带万向节的支柱上，两侧带有短得滑稽的机翼，如图 1-8 所示。一组精心设计的气动风箱和林克家族的管风琴工厂里的风箱一样，可以根据需要充气和放气，调整自己的高度，令安装在其上的"机身"根据飞行员的操纵产生俯仰及侧倾动作，同时相应的控制面也会动作。林克给自己的设计成果起了个颇具诱惑的名字——飞行员制造（Pilot Maker）。

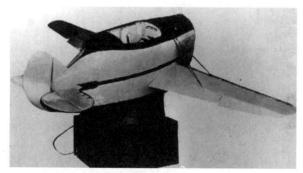

图 1-8　林克制造的飞行训练模拟器

1930 年 3 月 12 日，林克提交了专利申请，次年 9 月 29 日获得批准。1931 年，林克在纽约宾汉姆顿组建了林克飞行学校，利用自己的模拟器，林克让学员们在地面上就能完成许多训练项目，大大降低了学习费用。1933 年，林克又改进了模拟器，使其可以在零能见度下进行仪表飞行训练。

　　有趣的是，林克制造的模拟器，最初并未走进它们应该去的地方，而是在一些娱乐场所被当作投币式游戏机，飞行训练机构对林克的模拟器没有表现出太大的兴趣。1934 年，林克模拟器终于迎来了转机，当时美国陆军航空队接管了航空邮件的运送任务，由于缺乏训练，航空队在短短 78 天时间里发生了一连串飞行事故，导致 12 名飞行员丧生。经过调查，发生事故的根本原因就在于飞行员在恶劣天气和夜间条件下的仪表飞行技术不熟练。血的教训促使美军寻找解决问题的办法，其中就包括考虑购买林克的飞行训练模拟器。

　　为了向军方展示模拟器在仪表飞行训练方面的不俗潜力，1934 年的一天，薄雾笼罩大地，一群人聚集在美国新泽西州纽瓦克机场，他们被邀请来观摩一架由某人驾驶而来的进口小型飞机。他们都确信这架飞机在这样糟糕的天气情况下是不会到达的，但是，飞机安全到达了目的地，而飞行员正是埃德温·林克，那群人则来自美国陆军航空队。林克从家族工厂的所在地纽约州的宾汉姆顿飞行而来，他的飞行经验远不及经验丰富的航空队飞行员，但是他能在这么差的气候条件下安全到达，正是凭借了林克模拟器的训练飞行积累的经验。有了这次的观摩和一连串的飞行事故，美国陆军航空队于 1934 年以 3500 美元（相当于现在约 50 000 美元）的价格购置了六台飞行训练模拟器。

　　林克模拟器的第二个客户是日本海军，他们在 1935 年购买了飞行训练模拟器，许多日本飞行员在这些林克训练仓中进行训练。因为模拟座舱被油漆喷涂成蓝色，所以林克的飞行训练模拟器被称作"蓝盒子"。在第二次世界大战期间，超过 10 000 台"蓝盒子"被用于飞行员的训练，其中向美国陆、海军总计交付了 6271 台，此外还有 35 个国家先后引进了林克模拟器，有超过 50 万名飞行员接受过这款设备的训练。相对于真机训练来说，使用林克训练仓进行训练成本更低，同时驾驶员的安全系数更高。

　　林克模拟器的运动依靠空气压力驱动的风箱来实现，这些风箱通过与操纵杆（或方向盘）和方向舵踏板相连的阀门控制。在训练时，学员坐在模拟器上，教官则坐在旁边，通过耳机将无线电指令传递给学员，"座舱"内的学员根据教官的指令，依靠仪表驾驶模拟器进行各种操作，"座舱"内的仪表读数能发生相应的变化，而他的飞行路线则由一套随动系统记录在地图上。学员在飞行模拟器中训练的场景如图 1-9 所示。滑流模拟器甚至会模拟气流吹过的力感，使学员能感受到在真实大气中飞行的感觉。

图 1-9　学员在飞行模拟器中训练的场景

从 1934 年到 20 世纪 50 年代末，林克公司针对飞机性能相继开发过多个型号的模拟器，这些产品和最初的林克模拟器一样，都采用电力和气动原理设计。林克的训练仓起初主要用于选拔飞行人员和暗舱仪表飞行训练。随着电子技术和仿真技术的发展，林克的训练仓已发展成现代的飞行模拟器，其用途也日益扩大，除用于飞行训练外，还可用于飞行错觉的研究、分析和鉴定，帮助飞行员识别飞行错觉，掌握克服飞行错觉的方法等。直至 20 世纪 70 年代初期，仍有一些国家的空军在使用林克公司的模拟器进行训练。

1.2.2　Sensorama 感官影院

20 世纪 50 年代，一个名为摩登·海里戈（Morton Heilig）的摄影师在思考着电影从黑白进化到彩色之后，还能有什么进化空间，他偶然间突发奇想，决定尝试着让观众完全沉浸在电影的世界中。1955 年，他发表了一篇论文，提出了对电影多感官发展的想法，"为什么不能提供给观影者三维的图像，以及更加真实的立体声呢？如果我们努力就能做到，为什么不试一试呢？"作为一名好莱坞的电影摄影师，摩登·海里戈出于对电影的热爱，开始探索更多的电影形式。

1957 年，摩登将自己的设想化为了一台名为"Sensorama"的 3D 模拟器，并在 1962年获得专利。Sensorama 的外形就像一个电话亭，包含立体影像处理、风扇、嗅觉装置、立体扬声器、移动椅等单人用装置，使用时需要观影者把头探进设备内部，由三面显示器形成空间感，并且具备气味、立体声、振动、风吹等多种感官。图 1-10 所示为 Sensorama 的宣传海报。

图 1-10　Sensorama 宣传海报

摩登并不想做一个发明家，他热爱的一直都是电影。因此，在成功发明了 Sensorama 之后，他又拍了好几部 3D 电影来搭配 Sensorama 观看。"摩托骑手很鲁莽，让我有些轻微的不适感，但是非常奇妙"，一位体验者在看完 3D 摩托影片之后感叹道。毋庸置疑，摩登给电影带来了全新的可能性，在彩色电影刚刚崭露头角的年代，3D 电影的概念是非常令人震惊的。

然而，备受关注的 Sensorama 却没有进入电影院，而是作为游戏机被放进了商场里。摩登制作感官影院的初衷是给予电影爱好者沉浸式的体验，但过于超前的理念让许多投资者却步。摩登和妻子玛丽安为了设备制作投入了大量资金，根本没有多余的钱进行大批量生产和推广，创意性的理念往往被世人怀疑的眼神埋没，摩登和他的感官影院亦没有逃过时代陈旧的魔爪。摩登当时还提出过除电影之外的多种设想，如将 Sensorama 用于训练军队、工人、学生，以避免一些不必要的危险。虽然摩登的发明没有得到广泛应用，观影者使用这些装置也只是获得被动的电影体验，但是摩登的想法成为以后 VR 领域的先锋概念，Sensorama 也被公认为世界上第一套 VR 系统。

第2章 虚拟现实技术初现阶段

2.1 硬件设备的诞生

2.1.1 Teleyeglasses

1960 年，Morton Heilig 发明了人类历史上首款虚拟现实头戴式显示器，这个头戴式显示器像是在头上绑了两个像罐头盒一样的东西，能够提供 3D 影像和立体声。这个奇怪的造型已经初现了虚拟现实头戴式显示器的原型。

美国著名科幻杂志编辑、科幻文学的先驱之一雨果•根斯巴克（Hugo Gernsback）（见图 2-1）酷爱电器、无线电，1908 年他创办了第一本个人杂志《现代电子学》（*Modern Electrics*），1911—1912 年在这本杂志上连载发表了科幻小说《拉尔夫 124C•41+》（*Ralph 124C•41+*）。根斯巴克对科学幻想有着强烈的爱好，屡屡在自己的刊物上自编或发表他人的科幻文章。经过几年的摸索和准备，他终于在 1926 年开创出一本新的杂志，名叫《惊奇的故事》（*Amazing Stories*），副标题首次使用了 ScientiFiction 一词，显然该词是由 Scientific 和 Fiction 拼缀而成的。他创造的科幻杂志把遍布四方的科幻作家群集于科学幻想小说的大旗之下，为他们提供了展露才华的阵地，从此科幻小说作为一个正式的文学流派得以形成。后人为了纪念他所做的贡献，称他为科幻杂志之父，并于 1953 年以他的名字命名了科幻小说的创作奖——雨果奖。

图 2-1　雨果•根斯巴克（Hugo Gernsback，1884—1967 年）

1963 年，根斯巴克在 *Life* 杂志的一篇文章中探讨了他的发明 "Teleyeglasses"。据说这是他在 30 年以前构思的一款头戴式的电视收看设备。Teleyeglasses，这个再造词的意思表明这款设备是由 "电视+眼睛+眼镜" 组成的，与今天所说的 VR 设备还是有很大差别的，但已经埋下了这个领域的种子。

Teleyeglasses 的质量只有约 140g，其外表像一个袖珍电池供电的便携式电视，正面有几个旋转式的按键，两侧有两根长长的天线，眼镜里面有小阴极射线管，为每只眼睛配备一个单独的屏幕，很像现代的 3D VR 眼镜。虽然根斯巴克的发明只是一个可穿戴电视，但严格来说，这其实是世界上第一台 VR 头戴式显示器。该设备提供了一种名为 "新火星人" 的观看体验。Teleyeglasses 外形及佩戴方法如图 2-2 所示。

图 2-2　Teleyeglasses 外形及佩戴方法

2.1.2　Sword of Damocles

1938 年，伊凡·苏泽兰（Ivan Sutherland）（见图 2-3），出生于美国内布拉斯加州的一个中产阶级家庭，父亲是土木工程师。Sutherland 曾在采访中提到自己在小学三年级之前患有读写障碍症，无法正确拼写，从而使他对绘图方式和图形表达具有浓厚兴趣。虽然这个采访已无法准确查证消息的来源，但 Sutherland 曾多次在公开场合描述自己为一个 "视觉思考者"。高中的时候，Sutherland 第一次接触到了计算机，那是世界上最早的个人计算机 "Simon"，Sutherland 和哥哥一起用打孔卡写出了一些简单的程序。从 Sutherland 19 岁起，他便在专业杂志上发表了几篇关于计算机编程的论文。

图 2-3　伊凡·苏泽兰（Ivan Sutherland）

Sutherland 在加州大学获得了电子工程专业的硕士学位后，以博士生的身份在麻省理工学院得到了数学家 Steve Coons 和信息论的创造者 Claude Shannon 的指导，并加入麻省理工学院正在开发的计算机辅助设计项目中。由于早期的计算机绘图系统只能用键盘输入复杂的代码和命令来描述几何形状，这个项目正是为了简化人机之间的交互方式。

真正激发 Sutherland 设计出绘图程序的，是计算机科学家 Steve Russell 等人设计的最早的电子游戏之一的 "Spacewar"，它搭载在一台同样拥有圆形屏幕的计算机上，如图 2-4 所示。这款简单的对战游戏在当时的校园和各个科研机构里非常流行。

图 2-4　Spacewar 游戏

Sutherland 受到 Spacewar 游戏中使用的星际图背景、恒星周遭的重力设计、操控对战的模式等功能的启发，认为自己可以设计出一款类似的实时绘图系统。他把自己的研究成果集结成一篇名为《SketchPad：图形化人机交流》的论文，以及一部他自己录制的 SketchPad 操作视频。在他的论文演讲中，Sutherland 不仅展示了一种新的计算机图形绘制方法，还提出了新的计算机操作方法——图形化的人机互动方式。图 2-5 所示为 Ivan Sutherland 在 TX-2 上操作 SketchPad 程序。SketchPad 的出现快速推动了计算机辅助设计项目的发展，一门名叫 "计算机图形学" 的新学科因此诞生。Ivan Sutherland 也因此被称为 "计算机图形学之父"。

图 2-5　Ivan Sutherland 在 TX-2 上操作 SketchPad 程序

研究所把 Sutherland 使用 SketchPad 的录像和项目组的研究成果复制了 200 多份寄往各种研究机构、新闻媒体和行业厂商。人们在录像带中看到一名年轻人在一台庞大的计算机的一块小屏幕上，用光笔绘画直线、虚线、曲线、圆形等。随着他调节按钮，这些图形可以根据人的要求进行变化，包括图像的放大、缩小、删除、后退、复制、粘贴等各种绘图功能。图 2-6 所示为报纸对 SketchPad 原理及使用方法的介绍。

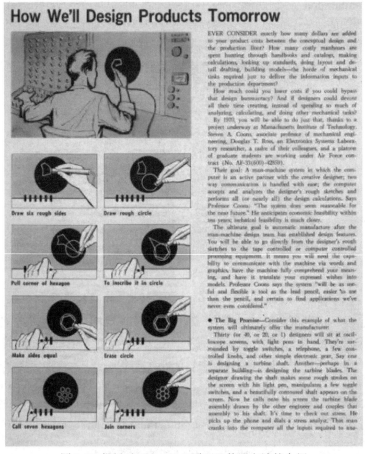

图 2-6 报纸对 SketchPad 原理及使用方法的介绍

这份报告对美国人对设计和生产过程的想象产生了巨大的影响。尽管如此，由于当时先进的大型计算机造价昂贵，SketchPad 绘图软件出现的伊始仅主要被汽车、飞机等大型工业、军事生产商作为设计部件和产品外观的工具。例如，当时福特汽车公司和航空航天制造商洛克希德都邀请了麻省理工学院的计算机辅助设计项目组员参加计算机辅助设计程序的开发。

随着图形化人机交互的形式渐渐被越来越多的人接受，欧美国家开始对计算机作为一个战争机器的印象转变为一个听话机器"奴隶"或"工作伙伴"。但是在当时，这种观念上的改变也仅仅是认为用计算机来代替笔和纸。

少年天才 Sutherland 的职业发展很顺利，他因 SketchPad 项目而成为美国高级研究计划局（ARPA）的成员。随后 Sutherland 又去了哈佛大学执教，在那里发表了一篇名为《终极显示》（*Ultimate Dispaly*）的论文，讨论了交互图形显示、力反馈设备及声音提示的虚拟现实系统的基本设想，成为虚拟现实技术的开端。

1968 年，Ivan Sutherland 开发出一套虚拟现实系统，这套系统被命名为达摩克利斯之剑（Sword of Damocles），如图 2-7 所示。这套系统使用一个光学透视头戴式显示器，同时配有两个六度追踪仪，一个是机械式的，另一个是超声波式的，头戴式显示器由其中之一进行追踪。受制于当时计算机的处理能力，这套沉重的系统不得不将显示设备放在用户头顶的天花板上，并通过连接杆和头戴设备相连。该系统将两个小屏幕组合到一起给体验者一种三维立体图像的错觉，能够将简单线框图转换为具有 3D 效果的图像。因为屏幕是半透明的，所以体验者可以同时看到虚拟世界和真实世界，因此达摩克利斯之剑也被称为首例增强现实产品，而 Ivan Sutherland 也被人们称为"虚拟现实之父"。

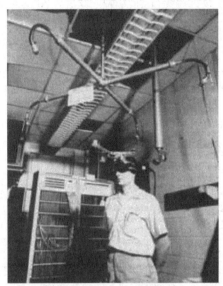

图 2-7　达摩克利斯之剑（Sword of Damocles）

从某种程度上讲，Sutherland 发明的 AR 头盔和现在的一些 AR 产品有惊人的相似之处。当时的 AR 头盔除无法实现娱乐功能以外，其他技术原理和现在的增强现实头盔没有什么本质区别。不过这款产品在当时除了得到大量科幻迷的热捧，并没有引起很大轰动，笨重的外表和粗糙的图像系统都大大限制了产品在普通消费者群体里的发展。

即便如此，这款沉重的带追踪功能的头戴式显示器依旧被业界认为是虚拟现实和增强现实发展历程中里程碑式的作品。

达摩克利斯之剑定义了虚拟现实的几个要素，具体如下。

（1）立体显示：原型使用了两个 1 英寸的 CRT 显示器分别显示不同视角的图像，进而创造立体视觉。

（2）虚拟画面生成：视频中的立方体是通过实时计算渲染出来的。

（3）头部位置跟踪：原型使用了两种方式来对头部位置进行跟踪，机械连杆和超声波检测，共使用了三个超声波发生器和四个接收器来跟踪头部运动。

（4）虚拟环境互动：达摩克利斯之剑利用双手操作的手柄实现了人机互动。

（5）通过坐标生成模型：虽然当时显示的只是简单的立方体，仅有八个顶点，但的确是通过空间坐标建立的模型。

须知，在这一年，第一个鼠标刚刚诞生；八年之后（1976年），第一台苹果计算机才问世。由于技术上的限制，达摩克利斯之剑并没有展现出它应有的价值，虚拟现实技术也被认为是不切实际的幻想，逐渐变得沉寂。

2.2 初现阶段的关键技术

2.2.1 显示技术

19世纪50年代，德国物理学家尤利乌斯·普吕克在一只空气含量为万分之一的玻璃管两端装上两根白金丝，并在两电极之间通上高压电，看到正对阴极的管壁发出绿色的荧光。1858年，普吕克公布了他的发现。1876年，另一位德国物理学家哥尔茨坦认为这是从阴极发出的某种射线，并将其命名为阴极射线。普吕克的学生希托夫继续研究老师的实验，他将真空管做成圆球状，并且在阴极与阳极之间放置了十字形的金属箔片，在阳极的位置果然出现了阴影，这说明从阴极确实发射出了一些东西（现在我们知道这就是电子）。他还发现即使将金属换成透明的云母也能产生阴影，这说明这种辉光不同于可见光。

随着人们的进一步研究发现，在没有外部影响的情况下，阴极射线沿直线传播，电场和磁场可以改变它们的方向。英国人威廉·克鲁克斯研制出了最初的简易的阴极射线管。阴极射线管能提供聚集在荧光屏上的一束电子以便形成直径略小于1mm的光点。在电子束附近加上磁场或电场，电子束将会偏转，能显示出由电势差产生的静电场或由电流产生的磁场。这种阴极射线管也被称为克鲁克斯管。正是因为有了阴极射线管的原理，后来发明家们才发明了示波器和电视机等显示设备。

1897年，诺贝尔奖获得者、著名物理学家和发明家卡尔·布劳恩制造出第一个阴极射线管（Cathode Ray Tube，CRT）示波器，如图2-8所示。后来CRT被广泛应用在电视机和计算机的显示器上。在德语国家，CRT仍被称为"布劳恩管"。

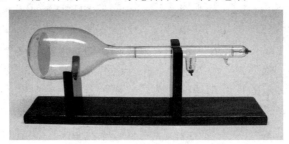

图2-8 第一个阴极射线管示波器

布劳恩在抽成真空的管子一端装上电极，从阴极发射出来的电子在穿过通电电极时，因为受到静电力影响聚成一束狭窄的射线，即电子束，也被称为阴极射线。然后在管子侧壁分别摆放一对水平的和一对垂直的金属平行板电极，水平的电极使得电子束上下垂直偏转运动，垂直的电极使得电子束左右水平偏转运动。最后在管子的另一端均匀地涂上一层硫化锌或其他矿物质细粉，做成荧光屏，电子束打在上面可以产生黄绿色的明亮光斑。阴极射线管组成示意图如图2-9所示。随着侧壁上摆放的平行板电极电压的变化，电子束的偏转也随之变化，从而在荧光屏上形成不同的亮点，称为"扫描"。荧光屏上光斑的变化，呈现了控制电子束偏转的平行板电极电压的变化，也就是所研究电波的波动图像，这是示波器的雏形和基础，它使得对电波的直观观察成为可能。

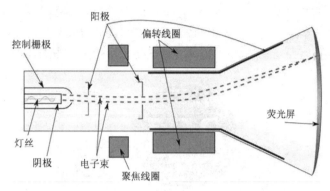

图 2-9　阴极射线管组成示意图

　　布劳恩最初设计的阴极射线管还不够完美，它只有一个冷阴极，管子也不是完全真空的，而且需要十万伏特的高压电来加速电子束，才能在荧光屏上辨认出受偏转影响后的运动轨迹，此外，电磁偏转也只有一个方向。但是工业界很快对布劳恩的这个发明产生了兴趣，这使得阴极射线管得以继续发展。

　　1889 年，布劳恩的助手泽纳克为阴极射线管增加了另一个方向的电磁偏转，此后又相继发明了热阴极和高真空。这使得从 1930 年起，阴极射线管不仅可以用在示波器上，还成了显示器的重要部件，为后来电视机和计算机显示器的出现奠定了基础。

　　1923 年，俄裔美国科学家兹沃里金申请了光电显像管、电视发射器及电视接收器的专利，他首次采用全面性的"电子电视"收发系统，成为现代电视技术的先驱。电子技术在电视上的应用，使电视开始走出实验室，进入公众生活。兹沃里金于 1929 年成为美国无线电公司（Radio Corporation of America，RCA）的研究室主任，于 1947 年就任 RCA 公司的副总经理。RCA 公司在电视发展的过程中扮演了重要角色。

　　1939 年，RCA 公司推出世界上第一台黑白电视机。1939 年 4 月 30 日，美国总统富兰克林·罗斯福在纽约市弗拉辛广场发表纽约世博会开幕式演讲，纽约市区的一小部分人通过电视直播这种现代人极为熟悉的方式倾听到了总统的声音。美国早期的家用黑白电视机如图 2-10 所示。

图 2-10　美国早期的家用黑白电视机

1950 年，RCA 公司向世界展示了一种全电子扫描的彩色电视显像管。该公司主席戴维·萨尔诺夫同时宣布："我们已经踏上电视新纪元的门槛——彩色电视时代。"当天，RCA 公司实际上展出了两只彩色电视显像管，一只使用单支电子枪，而另一只使用三支电子枪，以产生彩色图像。这是显像管电视发展史上一个里程碑事件，从这时起，图像显示技术正式进入彩色时代。这一年，电视机在美国开始普及。1953 年，RCA 公司设定了全美彩电标准，并于 1954 年推出第一台彩色电视机。RCA 公司推出的彩色电视机宣传图如图 2-11 所示。

图 2-11　彩色电视机宣传图

20 世纪 60 年代，电视机的玻壳由圆形发展为圆角矩阵管，尺寸由 21 英寸进展到 25 英寸，偏转角由 70°增大到 90°，荧光粉由发光效率较低的磷酸盐型发展为硫化物蓝绿荧光粉和稀土类红色荧光粉。20 世纪 70 年代以后，人们对彩色显像管进行了一系列改进，显示器由平面直角发展为超平、纯平，尺寸发展到主流 29 英寸以上，偏转角由 90°增大到 110°，横纵比不断增大，采用自会聚管以提高显示分辨率，并且正在向高分辨率彩电方向发展。技术的进步带动了电视行业的迅速发展，使得电视技术得到了全面的突破性进展，市场很快成功研制出超薄、纯平彩色电视机。

20 世纪初电视技术出现后，人们开始着手研制立体电视机，传统的用于观察静止图像或电影图像的立体显示方法几乎全部被应用到立体电视技术中。在早期黑白电视时代，比较成功的立体电视机是由两部电视摄像机拍摄影像并用两个独立的视频信道传输到两部电视机中的，每部电视机的屏幕上装有一块偏光板，然后用偏光眼镜去观察，采用这样的立体电视系统可以获得较好的立体图像。这种双信道偏光分像立体电视技术至今仍然是公认的一种质量较好的立体电视系统。

20 世纪 50 年代，彩色电视技术发展到接近实用的阶段，"互补色立体分像电视技术"开始被应用于立体电视机。其基本方法是用两部镜头前端加装滤光镜的摄像机拍摄同一场景的图像，观众在彩色电视机的屏幕上看到的是两幅不同颜色的图像相互叠加在一起的画面，当观众通过相应的滤光镜观察时就可以看到立体电视图像。这种立体电视成像技术兼容性好，在立体电视技术领域曾经风靡一时。但这种立体电视成像技术存在的问题也十分明显：一个问题是由于通过滤光镜观察电视图像，彩色信息损失极大；另一个严重的问题是彩色电视机本身的"串色"现象会引起干扰,左眼和右眼的入射光谱不一致,容易引起视觉疲劳。

20 世纪 70 年代末,由于陶瓷光开关新材料的出现,人们可以制成光开关眼镜,此时出现了时分式的立体电视技术。时分式的立体电视技术采用彩色电视信号的奇场和偶场进行立体电视信号的编码。20 世纪 80 年代初,东芝公司研制出时分式立体电视投影机,需要戴偏光镜观看。

1985 年,松下公司首推时分式液晶眼镜立体电视样机获得成功。现在,具有双屏显示器的头盔观看设备有很理想的立体观看效果。在国内,清华大学已研制出高透光率的新型液晶光阀眼镜,并于 2001 年成功研制出时分式液晶眼镜立体电视机。

立体图像显示在电影行业的尝试比电视行业要早一些,早在 19 世纪末发明电影后,科学家就尝试用电影来表现运动的立体视觉图像。首先采用两部摄影机模拟人类双眼进行拍摄,然后将制好的影片用放映机通过偏光滤光镜投射到电影荧幕上,观众通过戴上偏振光眼镜观察运动的立体图像。这种立体电影技术一直沿用至今。人们对立体电影的追求催生了对立体眼镜的研究。立体眼镜起源于 1953 年立体电影的首次出现,为了把观众从电视机前夺回来,好莱坞推出了立体电影:戴着特殊眼镜的观众像在观看《布瓦那魔鬼》及《蜡屋》这类惊险片一样,以为自己躲在逃跑的火车及魔鬼的后面。

2.2.2 计算机技术

虚拟现实技术的起源离不开计算机技术的兴起。

计算机是一种用于高速计算的电子计算机器,既可以进行数值计算,又可以进行逻辑计算,具有存储记忆功能,是一种能够按照程序运行,自动、高速处理海量数据的现代化智能电子设备。计算机系统由硬件系统和软件系统组成。

计算机是 20 世纪最伟大的科学技术发明之一,对人类的生产活动和社会活动产生了极其重要的影响,并以强大的生命力飞速发展。它的应用领域从最初的军事科研应用扩展到社会的各个领域,已形成了规模巨大的计算机产业,带动了全球范围的技术进步,由此引发了深刻的社会变革。

计算工具的演化经历了由简单到复杂、从低级到高级的不同阶段,如从"结绳记事"中的绳结到算筹、算盘计算尺、机械计算机等。它们在不同的历史时期发挥了各自的历史作用,同时启发了电子计算机的研制和设计思路。

1936 年,英国数学家艾伦•麦席森•图灵首先提出了一种以程序和输入数据相互作用产生输出的计算机构想,后人将这种机器命名为通用图灵机。1938 年出现了首台采用继电器进行工作的计算机"Z-1",但继电器有机械结构,不完全是电子器材。1942 年,约翰•阿塔那索夫和贝利发明了首台采用真空管的计算机,以两人的名字的首字母将其命名为"ABC"。不过"ABC"只能求解线性方程组,不能完成其他的工作。在图灵的指导下,第一台可以编写程序执行不同任务的计算机 Colossus 则到了 1943 年才在英国诞生,用于密码破译。

1946 年 2 月 14 日,由美国军方定制的世界上第一台电子计算机——电子数字积分计算机(Electronic Numerical Integrator And Computer,ENIAC)在美国宾夕法尼亚大学问世,如图 2-12 所示。ENIAC 是美国奥伯丁武器试验场为了满足计算弹道需要而研制的。这台计算机使用了 17 840 只电子管，大小为 80 英尺[①]×8 英尺，质量达 28 吨，功耗为 170kW，每秒可以进行 5000 次加法运算，造价约为 487 000 美元。ENIAC 以电子管作为元器件，所以又被称为电子管计算机，是公认的第一代计算机。电子管计算机由于使用的电子管体积很大，耗电量大，易发热，因而工作的时间不能太长。ENIAC 体积庞大，占满了好几个房间，全身上下拥有一大堆缠绕的电线和真空管。最初，ENIAC 的程序设置需要靠人工移动开关、连接电线来完成，改动一次程序需要一周的时间。为了提高效率，工程师们设想将程序与数据都放在存储器中。数学家冯·诺依曼将这个思想用数学语言系统进行阐述，提出了存储程序计算机模型，后人称之为冯·诺依曼机。

图 2-12　第一台电子计算机——ENIAC

　　ENIAC 的问世具有划时代的意义，表明电子计算机时代的到来。在以后的 70 多年里，计算机技术以惊人的速度发展，没有任何一门技术的性价比能在 30 年内增长 6 个数量级。

　　第一台并行计算机——EDVAC 于 1949 年 8 月被交付给弹道研究实验室，它实现了计算机之父"冯·诺依曼"的两个设想：采用二进制和应用存储程序，是真正意义上的现代电子数字计算机。在发现和解决许多问题之后，直到 1951 年 EDVAC 才开始运行，但仅局限于基本功能。到 1960 年，EDVAC 每天运行超过 20 小时，无差错时间平均 8 小时。EDVAC 的硬件不断升级，1953 年添加穿孔卡片输入/输出，1954 年添加额外的磁鼓内存，1958 年添加浮点运算单元。直到 1961 年，EDVAC 才被 BRLESC 取代。在其运行周期里，EDVAC 被证明是一台可靠和可生产的计算机。

　　作为 EDVAC 研制的技术顾问，冯·诺依曼总结并详细说明了 EDVAC 的逻辑设计，于 1945 年 6 月发表了一份长达 101 页的报告，这就是著名的关于 EDVAC 的报告草案，报告提出的体系结构一直延续至今，即冯·诺依曼结构。

　　计算机在刚刚起步时，体积大、功耗高、可靠性差、速度慢，逻辑元件采用的是真空电子管，显示器采用阴极射线示波管，主要应用领域以军事和科学计算为主。

　　1954 年，IBM 公司制造了第一台使用晶体管的计算机，增加了浮点运算，使计算能力有了很大提高。这台计算机的应用领域以科学计算和事务处理为主，并开始进入工业控制领域。

---

① 1 英尺=0.3048 米。

20 世纪 60 年代，出现了能够实现图像处理任务的计算机，这也标志着数字图像处理技术开始进入快速发展阶段，利用计算机实现了更加高级的图像处理。在 20 世纪 70 年代初，数字图像处理技术不仅被应用于空间开发，还慢慢进入医学图像、天文学研究等领域。

1970 年，IBM 公司研发了 IBMS/370 型计算机，这是 IBM 更新换代的重要产品，采用了大规模集成电路代替磁芯存储，以小规模集成电路作为逻辑元件。另外，在软件方面出现了分时操作系统及结构化、规模化程序设计方法，并使用虚拟存储器技术，将硬件和软件分离开来，从而明确了软件的价值。图 2-13 所示为 IBM S/370 系列的 138 型产品。

图 2-13　IBM S/370 系列的 138 型产品

此阶段的计算机可靠性有了显著提高，价格进一步下降，产品走向了通用化、系列化和标准化，应用领域也开始进入文字处理和图形图像处理等领域。随着计算机技术的发展，计算机技术与数字图像处理二者之间结合得越来越紧密，从而促进了数字图像处理技术的发展。

2.2.3　三维建模技术

建模技术是虚拟现实的核心技术，也是难点技术，可以说，没有三维建模技术也就没有虚拟现实技术的发展。

从广义上讲，将人们大脑中的物体形貌在真实空间中再现出来的过程都称为三维建模。在图形图像学中，三维建模是指在计算机中利用建模软件建立物体三维几何模型的过程。因此，三维建模技术是研究在计算机上实现空间形体的表示、存储和处理的技术，即利用计算机系统描述物体形状的技术。如何利用一组数据表示形体，如何控制与处理这些数据，是几何造型中的关键技术。

三维建模技术的发展离不开 CAD 技术的发展，三维建模技术是伴随着 CAD 技术的发展而发展的。CAD 在早期是英文 Computer Aided Drafting（计算机辅助绘图）的缩写，随着计算机软、硬件技术的发展，人们逐步认识到：单纯使用计算机绘图还不能称之为计算机辅助设计，真正的设计是整个产品的设计，它包括产品的构思、功能设计、结构分析、加工制造等。二维工程图设计只是产品设计中的一小部分。于是 CAD 的全称也由 Computer Aided Drafting 演变为 Computer Aided Design。在 CAD 技术发展初期，CAD 仅限于计算机辅助绘图，随着三维建模技术的发展，CAD 技术从二维平面绘图发展到三维产品建模，随之产生了三维线框模型、曲面模型和实体造型技术。

CAD 技术的发展可以追溯到 1950 年，美国麻省理工学院（MIT）诞生了旋风 I 号（Whirlwind I）计算机及其显示器。该显示器用一个类似于示波器的阴极射线管（CRT）来显示一些简单的图形。

20 世纪 50 年代中期，美国战术防空系统成为第一个使用具有命令和控制功能的 CRT 显示控制台的系统。在显示器上，操作员可以用光笔在屏幕上指出被确定的目标。

1958 年，美国 Calcomp 公司把联机的数字记录仪发展成滚筒式绘图仪，GERBER 公司把数控机床发展成为平板式绘图仪。计算机图形学处于准备和酝酿时期。同时类似的技术在设计和生产过程中也陆续得到了应用，它预示着交互式计算机图形学的诞生。

20 世纪 60 年代是 CAD 技术发展的起步时期。1963 年，Ivan Sutherland 开发了一个革命性的计算机程序——SketchPad，因为这项成就，Ivan Sutherland 在 1988 年获得图灵奖（Turing Award），2012 年获得京都奖（Kyoto Prize）。SketchPad 借助早期的电子管显示器，以及当时刚刚发明的光电笔，创造了人机交互新模式，成为之后众多交互式系统的蓝本，这是计算机图形学的一大突破，也被认为是现代计算机辅助设计的始祖，从此掀起了大规模研究计算机图形学的热潮。人们开始应用 CAD 这一术语。

1964 年，美国通用汽车公司开发出了用于汽车前窗玻璃型线设计的 DAC-1 系统。1965 年，美国洛克希德飞机制造公司与 IBM 公司联合开发了基于大型机的 CADAM 系统。该系统具有三维线框建模、数控编程和三维结构分析等功能，使 CAD 在飞机工业领域进入了实用阶段。1968—1969 年，美国 CALMA 公司和 Application 公司等一批厂商先后推出了成套系统，将软、硬件放在一起成套出售给用户，即 Turnkey Systems（"交钥匙"系统），并很快形成 CAD 产业链。

随着 CAD 技术的发展，20 世纪 60 年代末，人们开始研究用线框和多边形构造三维实体，这样的模型被称为线框模型。三维物体是由它的全部顶点及边的集合来描述的，线框由此而得名。线框模型就像人类的骨骼，线框模型建模的优点是：由物体的三维数据可以生成任意视图，视图间能保持正确的投影关系，此外还能生成透视图和轴测图，这在二维系统中是做不到的。这使得构造模型的数据结构变得简单，可以节约计算机资源，是人工绘图的自然延伸。

由于技术的限制，线框模型建模的缺点也比较突出：因为所有棱线全部显示出来，物体的真实感可出现二义解释；缺少曲线轮廓，要表现圆柱、球体等曲面比较困难；由于数据结构中缺少边与面、面与面之间的关系信息，因此不能构成实体，无法识别面与体，不能区别体内与体外，不能进行剖切等。初期的三维 CAD 线框式系统只能表达基本的几何信息，不能有效表达几何体数据间的拓扑关系，缺乏形体的表面信息。

20 世纪 70 年代，CAD 技术进入广泛使用时期。计算机硬件从集成电路发展到大规模集成电路，出现了廉价的固体电路随机存储器；图形交互设备也有了发展，出现了能产生逼真图形的光栅扫描显示器、光笔和图形输入板等。同时，以中小型机为核心的 CAD 系统飞速发展，出现了面向中小企业的 CAD/CAM 商品化系统。20 世纪 70 年代后期，CAD 技术已在许多工业领域得到了实际应用。

20 世纪 70 年代也是飞机和汽车工业的蓬勃发展时期。这一时期的飞机及汽车制造中出现了大量的自由曲面问题，当时只能采用多截面视图、特征纬线的方法近似表达所要设计的曲面，三视图表达不完整，因此很难达到设计者的要求。此时法国人皮埃尔·贝塞尔提出了 Bezier 算法，使得人们用计算机处理曲面及曲线问题变得可行。法国达索飞机制造公司开发了三维曲面造型系统 CATIA，带来了第一次 CAD 技术革命，改变了以往只能借助油泥模型近似表达曲面的落后的工作方式。

第一次 CAD 的技术革命促使了三维建模技术的发展，出现了曲面模型，它是在线框模型的数据结构的基础上，增加可形成立体面的各种相关数据后构成的。与线框模型相比，曲面模型多了一个面表，记录了边与面之间的拓扑关系。曲面模型就像贴附在骨骼上的肌肉，它能实现面与面相交、着色、表面积计算、消隐等功能，此外还擅长构造复杂的曲面物体，如模具、汽车、飞机等的表面。

2.2.4 位置跟踪技术

在虚拟现实仿真环境中，当使用者进行位置移动时，计算机可以迅速进行复杂的运算，将精确的动态运动特征传回，产生强大的临场感、真实感。要满足这个要求，首先要让计算机感知使用者在虚拟空间中所处的位置，包括距离和角度等，因此，位置追踪技术是虚拟现实技术中的重要组成部分之一，被广泛应用于各种训练模拟器，如飞行模拟器、舰艇模拟器、海军直升机起降模拟平台、坦克模拟器、汽车驾驶模拟器、火车驾驶模拟器、地震模拟器，以及动感电影、娱乐设备等领域。

位置追踪器又称位置跟踪器，是指作用于空间跟踪与定位的装置，一般与其他虚拟现实设备结合使用，如数据头盔、立体眼镜、数据手套等，使参与者在空间上能够自由移动、旋转，不局限于固定的空间位置。位置追踪器的特点主要体现在当接收传感器在空间移动时，位置追踪器能够精确地计算出其位置和方位。位置追踪器消除了延迟带来的问题，因为它提供了动态的、实时的六自由度的测量位置坐标（X, Y, Z）和方位（俯仰角、偏行角、滚动角），无论是在虚拟现实应用领域、在控制模拟器的投影机运动时，还是在生物医学的研究中，都是测量运动范围和肢体旋转的理想设备。

传感器的发展是伴随着人类文明的发展一同进步的。随着大规模工业生产的开展，对诸如蒸汽机压力、汽车速度等测量的要求，催生出了现代传感器技术。但早期的传感器结构比较简单，而且往往和整个系统集成在一起，并不作为单独的设备而存在。

随着科学技术的进步，人类对未知世界探求的深度和广度都在不断扩展，顺应这一发展潮流，传感器也在原理和应用范围上发生着巨大的变化。传感器已渗透到诸如工业生产、宇宙开发、海洋探测、环境保护、资源调查、健康管理、生物工程，甚至文物保护等极其广泛的领域。可以毫不夸张地说，从茫茫的太空到浩瀚的海洋，以至各种复杂的工程系统，几乎每一个现代化项目都离不开各式各样的传感器。

1883 年，美国江森自控创始人 Warren S. Johnson 利用温度触感器和传感技术制造出全球首台恒温器。这款恒温器能够使温度精确地保持在一定范围，在当时来说，这是非常厉害的一项技术。

20 世纪 40 年代末，第一款红外传感器问世。德国研制出硫化铅和几种红外透射材料，利用这些元部件制成一些军用红外系统，如高射炮用导向仪、海岸用船舶侦察仪、船舶探测和跟踪系统、机载轰炸机探测仪和火控系统等。其中有些设备已达到实验室试验阶段，有些设备已小批量生产，但都没有得到实际应用。此后，美国、英国、苏联等国家竞相发展这种技术。特别是美国，大力研究红外技术在军事方面的应用。

随后，许多传感器不断被催生出来，直到现在，全球传感器类型有 35 000 种以上，这些传感器都得到了广泛的应用，可以说，现在是传感器和传感技术最为火热的一个时期。

1961 年，两位飞歌公司的工程师提交了一项运动追踪专利，它原本是为士兵更自然地探查外界信息所用，摄像头会随着头部的动作进行移动。虽然当时工程师并没有将这项技术用于虚拟现实设备的意思，不过原理相通。

在传感器应用的初期，人们大都采用单一功能的传感器测量相应的温度、压力、位移等信息。随着系统规模不断扩大，系统复杂性不断提高，需要探测的信息量也不断增多，受空间、成本等影响，在同一位置放置多个传感器越来越困难，在这种情况下，"复合"传感器应运而生。

早期的复合传感器是把不同功能的传感器简单地叠加在一起，其应用目的主要在于减小体积，降低成本。随着微纳米技术的发展，多功能集成复合传感器开始得到大规模应用。例如，能同时测量速度与加速度的传感器，同时测量温度与湿度的传感器等。随着 21 世纪的到来，传感器的发展呈现出集成化、多功能化和智能化的趋势。

物体在空间的位置信息具有六个自由度，即沿 X、Y、Z 三个直角坐标轴方向的移动自由度和绕着三个坐标轴的转动自由度。因此，要完全确定物体的位置，必须能够跟踪定位物体六个自由度的运动姿态。这也是虚拟现实场景与三维动画场景之间的本质区别，虚拟现实场景是六度空间，而非三维动画的三度空间。

常见的位置跟踪器有机械跟踪器、超声波跟踪器、光学式跟踪器、惯性位置跟踪器、电磁波跟踪器等。

（1）机械跟踪器原理：通过机械连杆装置上的参考点与被测物体相接触的方法来检测其未知的变化。机械跟踪系统的优点是精确、响应时间短，不受声、光、电磁波等外界的干扰。缺点是比较笨重、不灵活，有一定的惯性，且由于机械连接的限制，对用户有一定的机械束缚。

（2）超声波跟踪器原理：超声波位置追踪系统是利用不同的超声波到达某一特定位置的相位差或时间差实现对目标物体的定位和跟踪的。发射器发出高频超声波脉冲（频率在 20kHz 以上），由接收器计算收到信号的时间差、相位差或声压差等，即可确定跟踪对象的距离和方位。超声波跟踪器的优点是不受环境磁场及铁磁物体的影响，同时不产生电磁辐射，价格便宜。缺点是跟踪范围有限，易受环境声场干扰，与空气湿度有关，并且要求发射器与接收器之间不能有物体遮挡。由于超声波会受反射、辐射和空气流动的影响，位置跟踪会有误差，超声波位置追踪系统更新频率较低，这些因素限制了超声定位的精度、速度和其应用范围。

达摩克利斯之剑系统配备了两个六自由度追踪仪，一个是机械式的，另一个是超声波式的，头戴式显示器的位置由其中之一进行追踪。

（3）光学式跟踪器原理：采用摄像装置或光敏器件接收具有一定几何分布的光源发出的光，通过接收的图像及光源和传感器的空间位置来计算运动物体的六个自由度信息。光学式跟踪器的优点是在近距离内非常精确且不受磁场和声场的干扰。缺点是其受视线阻挡的限制，此外，由于其需要对图像进行分析处理，计算量比较大，对处理速度要求较高。

（4）惯性位置跟踪器原理：利用小型陀螺仪测量对象在其倾角、偏角和转角方面的数据。惯性位置跟踪器的优点是不存在发射源、不怕被遮挡、没有外界干扰，有无限大的工作空间。缺点是容易快速积累误差，且体积大，价格昂贵。

（5）电磁波跟踪器原理：利用磁场的强度进行位置和方向的跟踪。电磁波位置追踪系统主要由电磁发射部分和电磁接收传感器及信号数据处理部分组成。在目标物体附近安置一个由三轴相互垂直的线圈构成的磁场信号发生器，磁场可以覆盖周围一定的范围，接收传感器也由三轴相互垂直的线圈构成，这样就可以检测磁场的强度，并将检测的信号进行处理后送到数据处理部分，数据处理部分对信号进行处理计算就能得出目标物体的六个自由度。电磁波位置追踪系统不仅可以获得目标物体的位置信息，还可以获得其角度姿态信息，这些定位信息在实际应用中是十分重要的。电磁波跟踪器的优点是敏感性不依赖于跟踪方位，基本不受视线阻挡的限制，体积小、价格便宜，因此对于手部的跟踪大都采用此类跟踪器。缺点是延迟较长，跟踪范围小，而且易受环境中大的金属物体或其他磁场的影响，从而导致信号发生畸变，跟踪精度降低。电磁波位置追踪系统由于不受视线阻挡，所以被广泛应用于医疗导航、生物力学、运动分析和飞行员头盔定位等领域。电磁波位置追踪系统因其独特的优点，以及在虚拟现实和其他方面的广阔的应用前景，受到世界各国的重视，现已成为无线定位技术研究的热点。

2.2.5　人机交互技术

人机交互技术（Human-Computer Interaction Techniques）是指通过计算机输入、输出设备，以有效的方式实现人与计算机对话的技术。它包括机器通过输出或显示设备给人提供大量有关信息及提示请示等，人通过输入设备给机器输入有关信息、回答问题等。人机交互研究的最终目的在于探讨如何使计算机能帮助人们更安全、更高效地完成任务。人机交互技术是计算机用户界面设计中的重要内容之一。人机交互与认知学、人机工程学、心理学等学科有密切的联系。

1. 键盘

自 1946 年世界上第一台数字计算机"ENIAC"诞生以来，计算机技术取得了惊人的发展。但计算机仍然是一种工具，一种高级的工具，是人脑、人手、人眼等的扩展，因此计算机仍然受到人的支配、控制、操纵和管理。在计算机完成的任务中，大量任务是需要人与计算机配合共同完成的。在这种情况下，人与计算机需要进行相互间的通信，即人机交互，实现人与计算机之间通信的软件和硬件系统即交互系统。

在计算机刚刚问世的阶段，人机交互由指示灯和机械开关组成的操纵界面完成。随后人机交互界面经历了手工操作、命令语言和图形用户界面（GUI）三个阶段。1959 年，美国学者 B.Shackel 从人在操纵计算机时如何才能减轻疲劳出发，写出了被认为是第一篇关于计算机控制台设计的人机工程学论文。1960 年，J.C.R.Licklider 首次提出的人机紧密共栖（Human-Computer Close Symbiosis）的概念，被视为人机界面学的启蒙观点。1969 年，英国剑桥大学召开了第一次人机系统国际大会，同年第一份专业杂志《国际人机研究》（IJMMS）创刊。可以说，1969 年是人机界面学发展史的里程碑。

　　键盘的历史非常悠久，早在 1714 年，英国、美国、法国、意大利、瑞士等国家相继发明了各种形式的打字机，最早的键盘就是当时用在那些技术还不成熟的打字机上的。直到 1868 年，"打字机之父"——美国人克里斯托夫·拉森·肖尔斯（Christopher Latham Sholes）申请了打字机模型专利并取得经营权，又于几年后设计出现代打字机的实用形式并首次规范了键盘，即现在的"QWERTY"键盘。最初，打字机的键盘是按照字母顺序排列的，而打字机是全机械结构的打字工具，因此如果打字速度过快，某些键很容易出现卡键问题，于是肖尔斯发明了"QWERTY"键盘布局，他将最常用的几个字母安置在相反方向，最大限度放慢敲键速度以避免卡键。1873 年，第一台使用这种布局的商用打字机被成功投放市场。但是，"QWERTY"键盘按键布局方式非常影响打字效率。例如，大多数打字员习惯用右手，但使用"QWERTY"键盘，左手负担了 57%的工作；两个小拇指及左手无名指是最没力气的手指头，却频频要使用这几个手指；排在中列的字母，其使用率仅占整个打字工作的 30%左右，因此，为了打一个单词，时常要上下移动指头。1888 年，全美举行打字公开比赛，法院速记员马加林按照明确的指法分工，展示了他的盲打技术，错误率只有万分之三，使在场人惊讶不已，据记载马加林获得的奖金是 500 美元。从此以后很多人效仿盲打，美国也开始出现了专门培养打字员的学校。

　　盲打技术的出现，使得击键速度足以满足日常工作的需要，然而 1934 年，华盛顿一个叫德沃拉克（Dvorak）的人，为使左右手能交替击打更多的单词又发明了一种新的排列方法，使用这个键盘可缩短一半的训练时间，平均打字速度可以提高 35%左右。"DVORAK"键盘布局原则是：尽量左右手交替击打，避免单手连击；越排击键平均移动距离最小；排在导键位置的应是最常用的字母。比"DVORAK"键盘更加合理、高效的是理连·莫尔特（Lillian Malt）发明的"MALT"键盘，它改变了原本交错的字键行列，并使拇指得到更多使用，使"后退键"（Backspace）及其他原本远离键盘中心的键更容易被触到。但"MALT"键盘需要特殊的硬件才能被安装到计算机上，所以也没有得到广泛应用。20 世纪中期，键盘又多了一个用武之地，即作为计算机的基本输入设备。至今，"QWERTY"键盘布局仍然是使用最多的键盘布局方式，这是一个非常典型的"劣势产品战胜优势产品"的例子。

2. 鼠标

　　作为实现人机交互的输入设备，鼠标的问世改变了最初的只靠敲打计算机命令的方式实现人机交互的现状。1964 年，美国发明家、瑞典人和挪威人的后裔道格拉斯·恩格尔巴特（Dr.Douglas C. Engelbart）（见图 2-14），在斯坦福研究所建立了发展研究中心，追逐自己的梦想。就在这一年，他用木头和小铁轮制成了最初的鼠标雏形。

图 2-14　道格拉斯·恩格尔巴特（Dr.Douglas C.Engelbart）

20 世纪 70 年代，施乐公司不断完善恩格尔巴特的发明。1968 年 12 月 9 日，恩格尔巴特在全球最大的专业技术学会——IEEE 会议上，展示了世界上第一个鼠标（当时还没有"鼠标"这一名称）。这个设备外观是一个木质的小盒子，只有一个按钮，里面有两个互相垂直的滚轮，它的工作原理是由滚轮带动轴旋转，并使变阻器改变阻值，阻值的变化导致了位移信号的产生，经计算机处理后屏幕上指示位置的光标就可以随之移动。这个像老鼠一样拖着一条长长尾巴连线的装置（见图 2-15）被恩格尔巴特和他的同事戏称为"Mouse"。后来，恩格尔巴特意识到鼠标有可能被广泛应用，于是他申请了专利，并且将其命名为"显示系统 X-Y 位置指示器"。不过由于"Mouse"这个名字简洁且形象生动，所以"鼠标"的称呼便一直流传下来。早期的鼠标与今天的鼠标相比，不仅外形有很大的不同，而且早期的鼠标需要外置的电源供电。

鼠标的发明先于个人计算机的问世，并且使个人计算机行业发生了永久的变化。在使计算机变得更容易使用方面，或许没有一种工具比得上鼠标。鼠标的发明曾被 IEEE（全球最大的专业技术学会）列为计算机诞生 50 年来最重大的事件之一。

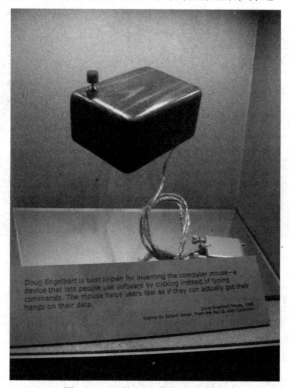

图 2-15　恩格尔巴特发明的鼠标

值得一提的是，恩格尔巴特并没有因为发明鼠标而创造财富，他本人也不是创业型人才，但恩格尔巴特是一个有前瞻性思维的学者。作为鼠标和 Window 型软件的发明人，恩格尔巴特被誉为第一位预见计算机联网的人。早在 1951 年，恩格尔巴特就认为如果世界发展的速度越来越快，当人们的理解力和解决问题能力跟不上的时候，那么能帮助人们的就是计算机。他在伯克利大学攻读电子工程学博士学位的时候，选择了计算机设计课程，虽然当时学校里还没有计算机，他告诉同事们：人们会通过计算机一起工作，别人能打印出你写的文章，别人也能参与你的研究工作。但由于他的想法无法得到证实，因此他的观点并没有得到普遍认同。离开伯克利大学后，他去了斯坦福大学，但是，他的观点还是没有受到重视。虽然今天的斯坦福大学拥有世界上一流的计算机系，但在 20 世纪 50 年代的时候，情况并非如此。恩格尔巴特被告之：计算机只能用于商业，学校不会花费学术资源研究它。最后，他在斯坦福研究院找到了工作，即今天的 SRI 国际智囊机构，该机构在计算机文件批处理方面做过早期研究。1960 年，美国国防部通过高级研究计划局（DARPA），让国内从事计算机协议研究的科学家们互联成全国性网络，这就是现在的互联网的基础。有了这个 DARPA 协议，恩格尔巴特带领一组工程师设计出 NLS 操作系统（见图 2-16），该系统允许共享数据，以图像界面为特征，并可通过鼠标进行控制。他的操作系统第一次建立了文字处理、高级链接，以及信息在多个文件和用户之间的转移；窗口不能最小化，但可以移向左边或右边，并恢复原状。直至今天，该系统的某些性能仍可以应用于微软的文字处理系统（Word）。1968 年，恩格尔巴特在旧金山举行的计算机秋季年会上公布了他的成果，这是图像界面、鼠标、高级链接和电子邮件的第一次公开展示，值得庆幸的是，当时的情形被制作成了纪录片，至今还受到计算机类学生们的欢迎。

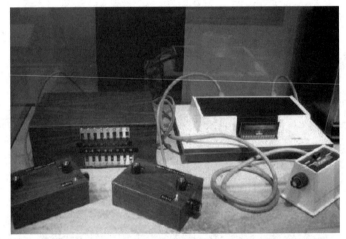

图 2-16　恩格尔巴特设计的 NLS 操作系统

直到 1984 年，苹果 Mac 的推出才让鼠标流行起来。Windows 95 操作系统取得巨大成功，证明了恩格尔巴特原始视窗的概念是多么英明。1996 年 6 月，比尔·盖茨对恩格尔巴特开拓性的研究大加赞扬。*Byte* 杂志将其列入对个人计算机发展最具影响的二十人之列，并评价说："将他比作爱迪生并不牵强""无法想象没有恩格尔巴特，计算机技术将会怎么样。"恩格尔巴特这位计算机界的奇才，被很多人誉为"人机交互"领域里的大师。他出版著作 30 余本，并获得 20 多项专利，其中大多数是今天计算机技术和计算机网络技术的基本功能。他发明的视窗、文字处理系统、在线呼叫集成系统、共享屏幕的远程会议、超媒体、新的计算机交互输入设备、群件等，都得到了广泛应用。

随着 Windows 操作系统的不断普及和升级，鼠标作为计算机的一个不起眼的输入设备，在某些场合它的重要程度超过了键盘。看似简单的鼠标并不是一成不变的，它从发明之初的一个木盒子向着实用和多功能的方向不断发展，经过几十年的发展，鼠标科技取得了长足的进步，出现了光学式、光机式鼠标，轨迹球、特大轨迹球，以及衍生到笔记本电脑上的指点杆和手指感应式鼠标，还有红外线鼠标等，鼠标家族可谓"人丁兴旺"。如今的鼠标与世界第一款鼠标相比简直是质的飞跃,并且鼠标家族向着多功能、多媒体、符合人体工程学的方向继续发展。这想必是恩格尔巴特都没有料到的,小小的鼠标在若干年后竟会有如此大的威力。

2.2.6　互联网技术

虚拟现实技术初现阶段,主要得益于显示技术、计算机技术、传感器技术等关键技术的发展,而互联网技术的起步对虚拟现实技术的发展也起到了推动作用。

互联网(Internet),又称国际网络,指的是网络与网络之间串连成的庞大网络,这些网络以一组通用的协议相连,形成逻辑上的单一巨大国际网络。在互联网中有交换机、路由器等网络设备,各种不同的连接链路,种类繁多的服务器和数不尽的计算机终端。使用互联网可以将信息瞬间发送到千里之外的人手中,它是信息社会的基础。

互联网始于 1969 年美国的阿帕网(ARPANET),美军在 ARPANET 制定的协定下,首先将互联网用于军事连接,后将美国西南部的加利福尼亚大学洛杉矶分校、斯坦福大学研究学院、加利福尼亚大学圣塔芭芭拉分校和犹他大学的 4 台主要的计算机连接起来。这个协定由剑桥大学的 BBN 和 MA 执行,在 1969 年 12 月开始联机。

另一个推动互联网发展的广域网是 NSF 网,它最初是由美国国家科学基金会资助建设的,目的是连接全美国的 5 个超级计算机中心,供 100 多所美国大学共享它们的资源。NSF网采用 TCP/IP 协议,且与互联网相连。

ARPANET 和 NSF 网最初都是为科研服务的,其主要目的是为用户提供共享大型主机的宝贵资源。随着接入主机数量的增加,越来越多的人把互联网作为通信和交流的工具。一些公司陆续在互联网上开展了商业活动。随着互联网的商业化,其在通信、信息检索、客户服务等方面的巨大潜力被挖掘出来,使互联网有了质的飞跃,并最终走向全球。

1978 年,UUCP(UNIX 至 UNIX 复制协议)在贝尔实验室被提出来,1979 年,在 UUCP的基础上,新闻组网络系统发展起来。新闻组(集中某一主题的讨论组)紧跟着发展起来,它为在全世界范围内交换信息提供了一个新的方法。然而,新闻组不是互联网的一部分,因为它并不共享 TCP/IP 协议,但是它连接着遍布世界的 UNIX 系统,并且很多互联网站点充分利用了新闻组。新闻组是网络世界发展中非常重要的一部分。

1989 年,Tim Berners-Lee 和其他在欧洲粒子物理实验室的工作人员提出了一个分类互联网信息的协议,这个协议于 1991 年被正式定名为 WWW(World Wide Web,基于超文本协议),即在一个文字中嵌入另一段文字的链接系统,这成为在普及互联网应用的历史上的又一个重大的事件。当人们阅读这些页面的时候,可以随时选择一段文字链接。

因为最开始互联网是由政府部门投资建设的,所以它最初只限于研究部门、学校和政府部门使用。除了直接服务于研究部门和学校的商业应用,其他的商业行为是不被允许的。20 世纪 90 年代初,独立的商业网络开始发展起来,这种局面才被打破,这使得从一个商业站点发送信息到另一个商业站点而不经过政府资助的网络中枢成为可能。

第3章

虚拟现实技术进阶阶段

3.1 虚拟现实概念的正式提出

3.1.1 NASA 对虚拟现实的推进

1968 年之后，虚拟现实技术产品似乎在人们的生活中没有发挥应有的作用，但是，Ivan Sutherland 把它成功地推荐给了美国军方和科技界高层。1983 年，美国国防部高级研究计划局（Defense Advanced Research Projects Agency，DARPA）与陆军共同制订了仿真组网（SIMNET）计划。1985 年，美国宇航局（NASA）开始开发用于火星探测的虚拟环境视觉显示器。这款为 NASA 服务的虚拟现实设备被称为 VIVED VR，作用是打造沉浸式宇宙飞船驾驶模拟训练中心，增强宇航员的临场感，使其在太空中能够更好地工作。空军虚拟训练场景如图 3-1 所示。

图 3-1　空军虚拟训练场景

　　VIVED VR 无论是命名、设计还是体验方式，都和今天已经步入民用市场的 VR 设备无异。VIVED VR 是一个安装在头盔上的 VR 设备，其头盔结构如图 3-2 所示。设计人员给头盔配备了一块中等分辨率的 2.7 英寸液晶显示器，并结合了实时头部运动追踪系统。

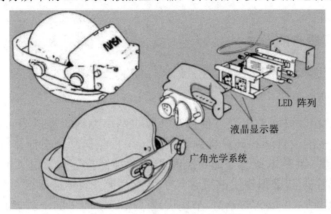

图 3-2　VIVED VR 头盔结构

　　值得一提的是，曾在 MIT 和通用电气的光电领域工作过的 Eric Howlett，在 1978 年，发明了一种超大视角的立体镜成像系统，该系统对虚拟现实头盔的发展具有革命性意义，因为它尽可能地矫正了在扩大视角时可能产生的畸变。该系统还可以把静态图片转换为 3D效果，Eric Howlett 称之为 LEEP，即 The Large Expanse,Extra Perspective（大跨度，超视角）。LEEP 成像原理示意图如图 3-3 所示。由于缺乏资金，LEEP 无法发展包括相机和图片显示器在内的全套方案。

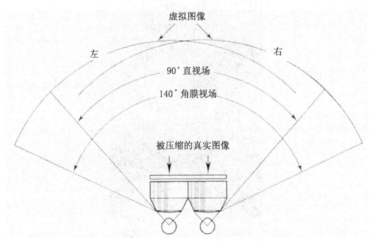

图 3-3　LEEP 成像原理示意图

　　但是 NASA 对 Eric Howlett 的立体镜成像系统非常感兴趣，并成为 LEEP 的主要客户，并将其用于 NASA 虚拟现实设备 VIVED VR 头盔的显示器中。LEEP 是当今大多数虚拟现实头盔设备可运行的基础,其镜头拥有 VR 头盔镜头中最大的视场角（FOV）。Palmer Luckey在 2011 年定制的第一款 Oculus 原型中也采用了 LEEP 的镜头。

　　NASA 全称为 National Aeronautics and Space Administration（美国国家宇航局），成立于 1958 年 7 月 29 日，是美国联邦政府的一个行政性科研机构，负责制订、实施美国的民用太空计划与开展航空科学（太空科学）的研究。NASA 从 20 世纪 60 年代以来，一直致力于各种虚拟现实原型设备的开发，虚拟现实设备在 NASA 宇航员的训练和指导中扮演了重要的角色，而现在已经有专家为 NASA 开发了更真实的虚拟现实设备，以帮助宇航员进行训练。NASA 对虚拟现实技术的发展具有非常重要的推动作用。

3.1.2 虚拟现实概念的诞生

20 世纪 60 年代末到 80 年代初，一系列事件催生了虚拟现实概念的正式形成。

1. 科幻小说的启发

计算机的兴起和互联网的出现，使得在计算机网络上构筑虚拟空间成为可能。20 世纪 80 年代，赛博空间（哲学和计算机领域中的一个抽象概念，指计算机及计算机网络里的虚拟现实）兴起，其基本概念是通过某种类型的神经直连装置进入网络空间。从这个意义上而言，赛博空间和虚拟现实的概念几乎可以互换。最早描写这一空间的是弗诺·文奇的小说《真名实姓》（*True Names*），小说讲述了赛博空间里的一群黑客的故事。颇为有趣的是，弗诺·文奇将欧美科幻中常见的"真名"这一概念引入网络：在互联网上没人知道你是什么身份，在网络上这些黑客是无所不能的巫师，一旦对手掌握了你的真实身份，那么最普通的警察也能逮捕你。联想到现在的网络，这点让人不胜唏嘘。它也是最早引入"超人巨变"这一概念的科幻小说，最后主角掌握了全球网络的计算能力成为全知全能。《真名实姓》首次提出"其他平行世界"（Other Plane）的说法，首次对程序化的人类进入的数字化世界进行了环境描述。图 3-4 所示为 2001 年出版的《真名实姓》封面。

图 3-4　2001 年出版的《真名实姓》封面

1984 年，美国作家 William Ford Gibson（威廉·吉布森）出版了重要的科幻小说《神经漫游者》，图 3-5 所示为江苏文艺出版社出版的《神经漫游者》封面。读者们被吉布森作品中描写的那个梦境般的想象世界深深地吸引。吉布森用生动、惊险的故事告诉人们，计算机屏幕后面另有一个真实的空间，人们看不到这一空间，但知道它就在那儿，它是一个真实的活动领域，像一幅风景画。他幻想的这个空间不仅包含人的思想，而且包含人类制造的各种系统。吉布森不但在书里创造了赛博空间，而且引发了赛博朋克（Cyberpunk）文化。赛博朋克是科幻小说的一个分支，以计算机或信息技术为主题，小说中通常有社会秩序受破坏的情节。现在，赛博朋克的情节通常围绕黑客、人工智能及大型企业之间的矛盾展开，将背景设在不远的将来的一个反乌托邦的地球上。赛博朋克用一种迷恋高科技的目光观察世界，却轻视用常规的方法来使用高科技。这股浪潮日渐汹涌，大肆冲击主流文化，可以说，虚拟现实受吉布森小说的影响而进入了人类的语言系统。

图 3-5   《神经漫游者》封面

2．科幻电影的兴起

虚拟现实的幻想从小说也延伸到了电影。

1982 年，由史蒂文·利斯伯吉尔执导、杰夫·布里吉斯等人主演的《电子世界争霸战》上映，这是首部完全采用 CGI 技术制作的电影，是受到早期游戏产业巨大影响的电影。它的视觉风格奇幻，现在许多 VR 体验也选择了类似的风格。该电影将虚拟现实第一次通过电影的形式带给了大众。《电子世界争霸战》剧照如图 3-6 所示。

图 3-6   《电子世界争霸战》剧照

1983 年，由美国人 Douglas Trumbull（道格拉斯·特鲁姆布）导演的《头脑风暴》（*Brainstorm*）上映。电影的主要故事情节是：为了从大脑里记录感官信息并转播给观看了这卷录影带的人，迈克尔·布雷斯、凯伦·布雷斯和利连·雷诺兹将花费几年时间研发的产品变成一款消费者模型。

电影画面中演员使用了头戴式显示器，如图 3-7 所示，模型的原型是一个无面具的橄榄球头盔，头部环绕着一圈传感器和电路。整个系统还包含另一个作为接收模型的头盔。头盔能够收集佩戴者的所有感官信息，并将信息记录到磁带里，然后转播给另一名佩戴者。电影里这款头盔的结构、原理与现在的虚拟现实技术中应用的头戴式显示器结构、原理已非常接近。

图 3-7　《头脑风暴》电影画面

虽然 20 世纪 80 年代并不是电影发展史上最好的年代，却是科幻电影的黄金年代，其成就了一批虚拟现实元素电影。自此，电影行业一直都在设想应用虚拟现实最好的方式。人们设想将虚拟现实用于心理分析、人类提升、执法训练和更多其他可能性的最新方法。计算机技术的发展使得研究更可行的虚拟现实变为可能。

3. 虚拟现实技术的进步

20 世纪 60 年代末到 70 年代初，迈伦·克鲁格（Myron Krueger）开发了一系列被他称为"Artificial Reality"（人造现实）的技术，这种技术使计算机生成的环境可以回应人的行为，这使人与虚拟环境的互动有了技术支持。"Artificial Reality"成为早期出现的用来定义虚拟现实的名称，自此之后，人们对虚拟现实技术的关注开始逐渐增多。

1975 年，J.H.Clark 利用 Ivan Sutherland 设计的头戴式显示设备和犹他大学开发的机械杆建立了一个曲面设计的交互环境。由于当时相关的技术还不成熟，并没有产生广泛的影响，但这是 3D 交互技术的雏形，是进入虚拟现实技术应用的前奏。

1977 年，麻省理工学院研发了世界上第一代多媒体和虚拟现实系统——Aspen Movie Map，这是一个由超媒体和 VR 技术合成的系统。此项目模拟再现了 Aspen 市（位于美国科罗拉多州）的原貌，用户可以自由穿梭于街景中，能看到冬季和秋季不同的景色，在部分建筑物内部漫游，进行虚拟之旅。此项目不像今天的头戴式显示器那样复杂，只是把人放在一个虚拟的世界中，让人们有真实的感受。这是谷歌地图的雏形，也是虚拟现实发展的一块基石。

20 世纪 60 年代以后，随着计算机技术的不断普及，人和机器的有效交互成为迫切的需求，但在随后一段时间内，人机交互问题的研究发展比较缓慢。数据手套概念的出现，使得实际问题数据能够通过物理装置传输到计算机中，这在一定程度上提供了一种十分新颖的解决方案。准确地说，数据手套的前身是手套式传感器系统。最初的数据手套完全是由传感器组装而成的，用户体验较差。

1977 年，美国哈佛大学的 Rich Sayre 等人共同研发出第一个数据手套，并将其命名为"SayreGlove"，如图 3-8 所示。该数据手套主要用于对三维环境的控制，利用检测器测量手部运动产生的光纤变形，从而检测手指的弯曲程度。随后，以 A.D.Little 为主要成员的研究小组成功设计了名为"xtrousHandMaster"的数据手套，其主体为复杂的骨架结构，主要用于对机器人的控制，控制精度比较高，但是结构比较笨重。

图 3-8　SayreGlove 数据手套

在数据手套研究领域取得重要进展是在 20 世纪 80 年代初期，这与 T. Zimmerman 等人关于光弯曲传感手套的发明专利密不可分。它抛弃了早期笨重的外骨架装置的设计概念，开发了一个基于可弯曲的塑料管系统，并将塑料管附于手套之上以传导激励光源的光线。这样，手指弯曲则可通过光强变化来反映。基于这种构想研发的产品很快被应用到医学修复领域。

20 世纪 80 年代初期，美国国防部高级研究计划局为坦克编队作战训练开发了一个实用的虚拟战场系统 SIMNET，以减少训练费用，提高安全性，减轻对环境的影响。这一系统通过计算机网络将美国和德国的二百多个坦克模拟器互联为一体，并在虚拟场景中模拟协同作战。

1982 年，Thomas Furness III 展示了带有六个自由度跟踪定位的头戴式显示器（HMD），从而使用户完全脱离周围环境。

1984 年，Michael McGreevy 在 NASA Ames 研究中心创建了并不昂贵的三维立体 HMD。1985 年，Scott Fisher 在 NASA 继续进行三维立体 HMD 工程的研究，创建了由操作者位置、声音和手势控制的，带有广角立体显示的头戴式显示系统。同时，VPL 研究小组研制出了能够测量每个手指关节的弯曲程度的数据手套。

1985 年，WPAFB 和 Dean Kocian 共同开发了 VCASS 飞行系统仿真器，这是一款视觉耦合航空模拟器，利用头显模拟逼真的座舱环境，并且能够对飞行员在模拟系统中的动作做出反应。虚拟现实技术在军事方面最常见的应用就是模拟训练，最大的优点是可以节约训练成本，尤其对于空军训练来说，这也是军事促进虚拟现实技术发展最大的动力。据了解，现代战机的起落次数寿命均在千次左右，加上燃油、地勤、维护、战机成本等开销，实机飞行训练的成本非常高。

虚拟现实是今后战机发展的大趋势，战机的每次更新换代都在减少座舱内的仪表、操控设备，力图将各种数据统合后输出在战机头显中，这样能减少飞行员反复低头观察仪表盘的次数，使驾驶者更专注于实际飞行。同样，这类全角度信息统合的虚拟现实技术也适用于坦克、装甲车、舰艇等军事载具。

1986 年，裸视 3D 立体显示器被研发出来。

1986 年年末，NASA 的一个研究小组集成了一个虚拟现实的 3D 环境，用户可以用手抓住某个虚拟物体并操纵它，可以用手势和系统进行初步交流。

1987 年，游戏公司任天堂推出了 Famicom 3D System 眼镜，Famicom 3D System 眼镜宣传视频截图如图 3-9 所示。该款眼镜使用主动式快门技术，通过转接器连接任天堂电视游乐器使用，这比该公司最知名的 Virtual Boy 早了近十年。

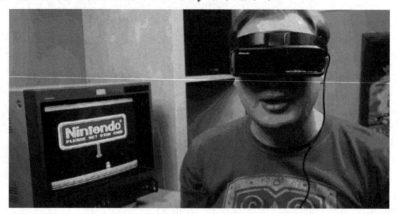

图 3-9　Famicom 3D System 眼镜宣传视频截图

从 20 世纪 80 年代初至 80 年代中期，虚拟现实技术的基本概念开始逐渐形成和完善。这一时期出现了一些比较经典的虚拟现实应用系统。同时，硬件系统得到飞快地发展和更新。

4．研究成果的推动

1986 年，国际科学界在虚拟现实的研究领域可谓硕果累累，Furness 提出了一个"Virtual Crew Station"（虚拟工作台）的革命性概念。同年，Robinett 与多位合作者发表了虚拟现实系统方面的论文 *The Virtual Environment Display System*。Jesse Eichenlaub 提出开发一个全新的三维可视系统，其目标是使观察者不用通过立体眼镜、头部跟踪系统、头盔等笨重的辅助设备也能看到具有同样效果的三维的虚拟世界。这一设想在 1996 年得以实现，当时人们研制出了 2D/3D 转换立体显示器。

1987 年，James.D.Foley 教授在颇具影响力的《科学美国人》（*Scientific American*）杂志上发表了一篇名为《先进的计算界面》（*Interfaces for Advanced Computing*）的文章。

5．虚拟现实概念的提出

1989 年，基于 20 世纪 60 年代以来所取得的一系列成就，美国的 VPL（Visual Programming Language）Research 公司创始人 Jaron Lanier 正式提出了"Virtual Reality"一

词。1990 年，以麻省理工学院为中心，世界上对虚拟现实感兴趣的人和研究者聚集在一起，召开了圣巴巴拉会议，该会议把不同称谓的沉浸式虚拟现实统称为"Virtual Reality"——"VR"，至此，虚拟现实（Virtual Reality）一词被正式认可和使用。此次会议是虚拟现实技术历史的一个转折点，它标志着人们开始认识到虚拟现实技术是一个融合了从科技到艺术的广泛知识的新研究领域。Jaron Lanier 也被业内人士称为"虚拟现实之父"，并于 2010 年被美国《时代》杂志评为 100 个最有影响的人物之一。

20 世纪 80 年代，虚拟现实行业最著名的公司是 Jaron Lanier 于 1984 年创建的 VPL Research 公司。该公司推出了一系列 VR 产品，包括 VR 手套 DataGlove、VR 头显 EyePhone、环绕音响系统 AudioSphere、3D 引擎 Issac、VR 操作系统 Body Electric 等。Jaron Lanier 的 VPL Research 公司是第一家将 VR 设备推向民用市场的公司。VPL Research 公司的 VR 手套 DataGlove 作为虚拟现实环境主要的人机交互工具，经过进一步改进设计，于 20 世纪 90 年代初将"光纤弯曲感受器"及"计算机数据输入及操作装置和方法"等几项使用光纤技术的专利展示给世人，就此确立了 VPL Research 公司在这一领域的技术领先地位。光纤技术的采用，使得这种 VR 手套具有的其他设备不具备的优点愈加明显，即紧凑、轻便与舒适。

3.1.3　虚拟现实的定义

百度汉语对"虚拟现实"这一词语的解释为：一种计算机技术，利用计算机生成高度逼真的虚拟环境，通过多种传感设备使人产生身临其境的感觉，并可实现人与该环境的自然交互。

虚拟现实技术又称灵境技术，是 20 世纪发展起来的一项全新的实用技术。虚拟现实技术囊括计算机、电子信息、仿真技术，其基本实现方式是计算机模拟虚拟环境从而给人以环境沉浸感。随着社会生产力和科学技术的不断发展，各行各业对虚拟现实技术的需求日益旺盛。虚拟现实技术也取得了巨大进步，并逐步成为一个新的科学技术领域。

所谓虚拟现实，顾名思义，就是虚拟和现实相互结合。从理论上来讲，虚拟现实技术是一种可以创建和体验虚拟世界的计算机仿真系统，它利用计算机生成一种模拟环境，是一种多源信息融合的交互式的三维动态视景和实体行为的系统仿真，使用户沉浸于该环境中。虚拟现实技术就是利用现实生活中的数据，通过计算机技术产生的电子信号，将其与各种输出设备结合使其转化为能够让人们感受到的现象，这些现象可以是现实中真真切切的物体，也可以是我们肉眼看不到的物质，通过三维模型表现出来。因为这些现象不是我们能直接看到的，而是通过计算机技术模拟出来的现实中的世界，故称为虚拟现实。

虚拟现实技术受到了越来越多的人的认可。首先，用户可以在虚拟现实世界体验到最真实的感受，其模拟环境与现实世界非常接近，让人有种身临其境的感觉；其次，虚拟现实具有一切人类拥有的感知功能，如听觉、视觉、触觉、味觉、嗅觉等感知系统；最后，它具有超强的仿真系统，真正实现了人机交互，使人在操作过程中，可以随意操作并且得到环境最真实的反馈。虚拟现实技术的存在性、多感知性、交互性等特征使它受到了许多人的喜爱。

维基百科（Wikipedia）中对 Virtual Reality 的描述如下：

Virtual reality or virtual realities （VR）, also known as immersive multimedia or computer-simulated reality, is a computer technology that replicates an environment, real or imagined, and simulates a user's physical presence and environment to allow for user interaction. Virtual realities artificially create sensory experience, which can include sight, touch, hearing, and smell.

3.2 虚拟现实产品商业化尝试

3.2.1 虚拟现实产品销售伊始

20 世纪 80 年代后，各种市场化的数码产品涌现，推动了虚拟现实产品的商业化尝试。主导北美游戏市场的 Atari 公司，在 1982 年成立了虚拟现实研究室，开始尝试生产虚拟现实产品。不幸的是，1983—1984 年，北美游戏市场经历了历史上最严重的大萧条，为 Atari 公司提供主营业务收入的第二代电视游戏市场彻底崩盘。失去主营业务的收入后，虚拟现实研究室被迫终止。

虚拟现实研究室初期构建的梦幻愿景在 Atari 的部门员工心中留下了深刻的印象，研究室终止后，他们决定成立自己的虚拟现实公司。在 Jaron Lanier 的带领下，他们于 1984 年创建了 VPL Research 公司，在技术狂热者 Jaron Lanier 等 VR 技术先驱们的潜心研究下，EyePhone 横空出世，这是世界上第一款面向市场的 VR 头显，VPL Research 公司成为第一家成功商业化销售 VR 头显设备和手套的公司。

VPL Research 公司自成立后先后推出一系列 VR 产品，包括 VR 手套 DataGlove、VR 头显 EyePhone、环绕音响系统 AudioSphere、3D 引擎 Issac、VR 操作系统 Body Electric 等。

1989 年，VPL Research 公司推出划时代的 VR 头显 EyePhone，这是一款虚拟现实设备的头戴式显示器，如图 3-10 所示。EyePhone 的屏幕尺寸为 2.7 英寸，每个目镜的分辨率为 184px×138px，质量为 2.4kg。

图 3-10　VPL Research 公司生产的 EyePhone

EyePhone 的外形和工作原理和如今的 VR 头显设备 Oculus Rift 非常接近，在当时掀起了虚拟现实技术的第二次浪潮，只是当时的虚拟现实产品售价高昂，EyePhone 当时的售价为 9400 美元。

然而，市场的考验与时代的潮流是冷酷无情的，仅凭热情与灵感并未让 Jaron Lanier 获得应有的市场回报。在计算机技术尚不成熟的年代，支撑虚拟现实技术的硬件计算能力十分有限，EyePhone 距离真正的沉浸式体验尚有一段距离，而且其过高的价格，导致市场推广困难重重，最终以失败告终。

3.2.2　早期的虚拟现实产品

虽然 VPL Research 公司的第一款面向市场的 VR 头显 EyePhone 没有获得成功，但是 VPL Research 公司的研究人员并没有气馁，他们又研发了另一种 VR 产品——手套 DataGlove，如图 3-11 所示。最初它只被作为计算机的输入设备，后来才被用于虚拟现实环境中作为一种有效的人机交互工具。

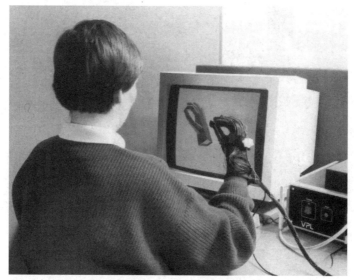

图 3-11　VPL Research 公司生产的 VR 手套 DataGlove

VR 手套作为主要的人机交互工具，20 世纪 90 年代初期，VPL Research 公司对其进行了一系列的改进。该公司设计了多种以光纤为基础的数据手套，并拥有"光纤弯曲传感器"和"数据输入和操作及方法"等多项专利技术，这使得 VPL Research 公司在该研究领域处于世界先进水平。和其他材料相比，光纤结构简单、质量轻便，同时具有很好的穿戴体验。同期，Mattie 公司研制的主要数据手套产品 PowerGlove 由于采用了应变结构，挠性较差。

数据手套技术还应该为人手的绝对空间定位，当时的数据手套的传感器系统只能测量人手的姿态，无法测量其在空间中的绝对位置，因此必须将附属测量设备作为辅助装置。VPL Research 公司采取的策略是使用电磁脉冲，这种方法的优点是测量设备体积小且定位精度很高；缺点是不适用于金属环境，容易受环境影响，延时较大。Mattie 公司采用超声波，这种方法的缺点是受距离限制，很难在远程控制中得到广泛应用。

VPL Research 公司与一位名为 Scott Fish 的工程师合作，在 1990 年推出了另一款头显设备 The View，这个头显设备还有身体跟踪的功能。可惜的是，VPL Research 公司在 1990 年破产，并把所有专利全部卖给了 Ivan Sutherland 所在的太阳微系统公司。

Eric Howlett 基于 LEEP 技术，创建了 LEEP VR 公司，并于 1989 年推出 VR 头盔 Cyberface。第一代 Cyberface 还配有平面面板，如图 3-12 所示，实际上它是为穿戴在胸前而设计的，其使用方法如图 3-13 所示。Cyberface 使用复合电缆，可以平衡分布头盔的重量。

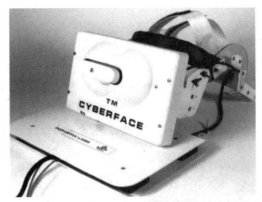

图 3-12　第一代 Cyberface

图 3-13　第一代 Cyberface 的使用方法

Eric Howlett 创建的 LEEP VR 公司先后推出了三款不同的 Cyberface 设备。第二代 Cyberface 拥有 LCD 液晶面板，配有 RGB 和复合电缆，如图 3-14 所示。

图 3-14　第二代 Cyberface

20 世纪 90 年代，第三代 Cyberface 的胸甲部分被去除，大部分重量由万向架承担，其使用方法如图 3-15 所示。第三代 Cyberface 显示器的分辨率大幅提高，用 LEEP VR 公司的话称，它可以提供"任何 10 万美元以下 VR 显示器两倍的清晰度"。

图 3-15　第三代 Cyberface 的使用方法

3.3　游戏推动虚拟现实产品商业化

电子游戏最初追求的是交互性，目的是使玩家得到良好的游戏体验。从黑白游戏到二维、三维大型游戏，游戏画面质量与操作系统不断升级，游戏的沉浸性与构想性也在不断提高。虚拟现实技术完美地契合了电子游戏的设计与体验需求，因此其在游戏领域有极大的发展空间与良好的前景。近年来，由于游戏市场的火爆，各大游戏厂商"兵戎相见"，竞争十分激烈。因为虚拟现实技术的交互性、沉浸性、构想性特征可以给消费者带来更好的游戏体验，所以各大厂商纷纷将目光投向了虚拟现实游戏，从而促进了虚拟现实游戏的发展。

3.3.1　早期应用虚拟现实的游戏

无论是虚拟现实技术，还是电子游戏，都是伴随着电子计算机的出现而诞生的。而对不断追求更高级别的真实感和沉浸感的电子游戏来说，虚拟现实技术注定与其在发展中保持密不可分的关系。

1970—1980 年是电子游戏发展的黄金时期，也是电子游戏与虚拟现实在快速发展过程中互相产生强大吸引力的开始时期。

1971 年，Nolan Bushnell 与 Ted Babney 设计了第一个大量制造并供商业销售的电子游戏《电脑空间》。1972 年，两人又联手创办了 Atari 公司，并推出了广受欢迎的投币式街机游戏 Pong，如图 3-16 所示。随后电子游戏产业开始迅速发展，游戏类型也开始变得丰富。

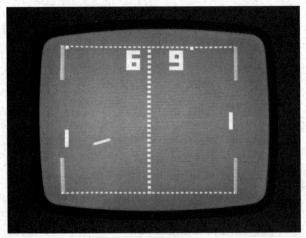

图 3-16 投币式街机游戏 Pong

1974 年，Brad Fortner 与其他程序员合作开发了一个空战类型游戏 Airfight，游戏设定玩家在同一片天空中操作自己选定的军用喷射机，并击落其他玩家。

1974 年，Don Daglow 设计出世界上第一个计算机角色扮演类游戏 Dungeon，该游戏是角色扮演类游戏《龙与地下城》（Dungeons & Dragons）未获官方许可的游戏作品。

美国的一名推销员 Gary Gygax（加里·吉盖克斯）在 1974 年成立了 TSR 公司，并推出了著名的桌面角色扮演游戏《龙与地下城》。《龙与地下城》于 1974 年发行第一版，在 TSR 公司被威世智（Wizards of the Coast）收购后转为由威世智进行开发，于 2014 年发行了第五版。相关产品还有同名电影《龙与地下城》、街机游戏《龙与地下城》及网络游戏《龙与地下城》等。《龙与地下城》宣传海报如图 3-17 所示。

最初，《龙与地下城》是一款桌面角色扮演游戏，基本过程是玩家扮演的冒险者在一个虚拟的世界进行冒险。《龙与地下城》不但是一个单独的游戏，而且成了一个准则，或者说是一个游戏系统，它的精神之一就是追求完善和复杂，它力求创造出一个完整和完善的世界，这个世界有历史，有文化。在这个完善和复杂的世界中，平衡是一个精神契约，角色不可能过分强大，如果这个角色在一方面获得了杰出的能力，必然在另一方面有所削弱。善良和邪恶都不可能支配这个世界，如果一方过于强大，就会有更强大的力量来平衡这一切。在这样一个世界中，冒险者有充分的选择，他可以是善良的、中立的，也可以是邪恶的，他可以做他想做的任何事情，而不用担心游戏无此功能，这种身临其境的强烈代入感正是《龙与地下城》的魅力所在。

图 3-17 《龙与地下城》宣传海报

《龙与地下城》对桌面角色扮演游戏的影响非常大，后来的许多相同类型的游戏都受到了它的规则的影响。建立在《龙与地下城》规则上的计算机角色扮演游戏非常多，其中最有影响力的是 Black Isle Studios 的作品，包括《博德之门》系列、《异域镇魂曲》、《无冬之夜》和《冰风溪谷》系列。

到了 20 世纪 80 年代，街机的黄金时代达到了顶峰，很多在技术或者类型上革新的游戏在 20 世纪 80 年代初纷纷出现。这段时间，游戏类型更加丰富，人们也越来越追求电子游戏的真实感和沉浸感。1982 年的《一级方程式赛车》开始利用平面伪 3D 的图形首创"车手尾视模式"来增加赛车游戏的拟真感，《一级方程式赛车》游戏画面如图 3-18 所示。

图 3-18 《一级方程式赛车》游戏画面

1983 年，由 Cinematronics 发行的、前迪士尼动画师 Don Bluth 制作的《龙穴历险记》将全动态影像引入电子游戏中。《龙穴历险记》是电子游戏历史上第一个镭射光碟电子游戏。时至今日，《龙穴历险记》已经拥有超过 3 亿 2 千万个用户，在游戏中，玩家扮演勇敢的年轻武士 Dirk，只身前往阴森恐怖的荒野城堡中营救公主。《龙穴历险记》游戏画面如图 3-19 所示。

图 3-19   《龙穴历险记》游戏画面

从最早的文字 MUD 游戏到 2D 游戏再到 3D 游戏，随着游戏画面和技术的进步，游戏的拟真感和代入感越来越强，但受技术等方面的限制仍无法让玩家在玩游戏时脱离置身事外的感受。当游戏开发者们陷入思考的时候，虚拟现实技术的出现为他们带来了曙光。电子游戏的推动，使得虚拟现实技术迅速发展。而虚拟现实技术的迅速发展和普及，让二者的结合似乎势在必行。

电子游戏自产生以来，一直在朝着虚拟现实的方向发展，虚拟现实技术发展的最终目标已经成为三维游戏工作者的崇高追求。从最初与硬件厂商一起为硬件设备定制内容，到硬件空间定位逐渐成熟，游戏内容制作也经历了各种模式类型上的变化，当沉浸感和代入感被空间定位技术及更加优异的渲染性能突破时，游戏开发者必然会探索新的虚拟现实类型游戏。虚拟现实技术不仅使游戏更具逼真效果，而且能让玩家沉浸其中，尽管面临诸多技术难题，但是虚拟现实技术在竞争激烈的游戏市场中仍然得到了很好的应用。

3.3.2   虚拟现实产品的体验热潮

20 世纪 80 年代，NASA 和一些大学都在针对虚拟现实开展真正具有开创性的工作，而这也开启了一股虚拟现实产品体验热潮。虽然这些单位的研究成果和随后的商业化虚拟现实产品都很有诚意，但在使用这种新型的技术时，使用者看起来仍然十分滑稽，尤其是刊登在新闻中的照片。

1980 年，在 NASA 实验室，人们利用数据手套进行虚拟体验，如图 3-20 所示，图片讲述了在虚拟现实的未来，上百万个人站在一起盯着自己的手。

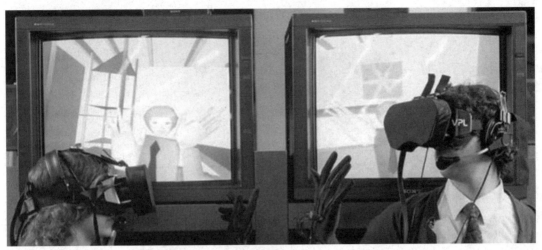

图 3-20　人们利用数据手套进行虚拟体验

　　没有什么比穿着 20 世纪 80 年代末的碎花裙体验虚拟现实更经典的了。图 3-21 所示为一位女士在 NASA 实验室进行虚拟现实体验，身穿碎花裙的体验者正在虚拟环境中完成修理卫星的任务。

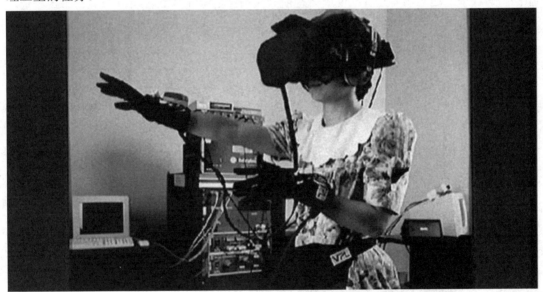

图 3-21　一位女士在 NASA 实验室进行虚拟实现体验

　　在 20 世纪 90 年代，虚拟现实并不仅仅模拟飞机驾驶等高难度动作，还模拟了驾驶摩托车的情形，如图 3-22 所示，项目为体验者提供了一台真实的摩托车，让体验者坐在上面，然后模拟其行驶在大城市中的虚拟街道上。从图 3-22 中可以看到，该项目还为该模拟配置了一台新型的计算机。

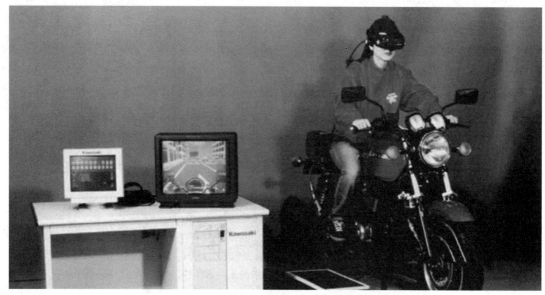

图 3-22　利用真实摩托车的虚拟驾驶体验

　　图 3-23 所示为体验者模拟失重体验。当时大多数的报道显示，这些照片记录了一个典型的培训环节：这一刻体验者在忙于修理航天飞机上的双壳式旋转调节器单元，下一刻，她却一边修理双壳式旋转调节器单元，一边被有着 1000 颗牙齿的外星人追赶（美国宇航局通常会模拟困难的工作条件）。

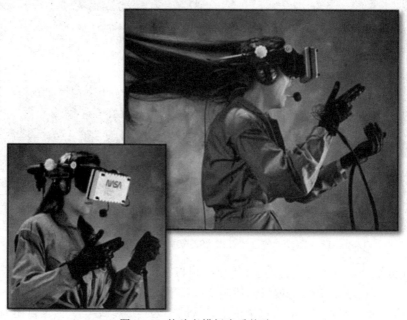

图 3-23　体验者模拟失重体验

　　如图 3-24 所示，这是于 1992 年拍摄的一张照片，日本电气株式会社的工程师正在进行滑雪虚拟体验。

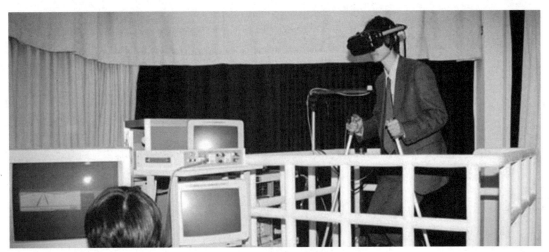

图 3-24　滑雪虚拟体验

　　20 世纪 90 年代初，一家名为 Virtuality 的公司推出了一款具有街机风格的游戏系统，该游戏系统使用了一个立体头显和一些花哨的手部控制器。如图 3-25 所示，体验者正在进行海底冒险体验，可以看到，Virtuality 的游戏系统为体验者提供了海底冒险的乐趣，体验者不需要任何潜水装备，也不用担心溺水。

图 3-25　海底冒险体验

第4章

虚拟现实技术完善阶段

4.1 虚拟现实技术全面爆发

4.1.1 文娱行业的推进

进入 20 世纪 90 年代，虚拟现实开启了第一波全球性蔓延。

1992 年，导演 Brett Leonard 拍摄了一部和虚拟现实有关的电影——《剪草人》（*The Lawnmower Man*），电影《剪草人》宣传海报如图 4-1 所示。这部电影讲述了一个有先天智力缺陷的主人公乔布（Jobe）通过虚拟现实环境重返世界的故事。影片中乔布借助虚拟现实逐步恢复了智力，更神奇的是他的能力远超世界上所有的计算机连接设备。随着电影《剪草人》的上映，虚拟现实在大众市场引发了一个小高潮，并促进了街机游戏虚拟现实的短暂繁荣，大众开始关注虚拟现实技术。

图 4-1　电影《剪草人》宣传海报

美国著名的科幻小说家 Neal Stephenson 的虚拟现实小说《雪崩》也在 1992 年出版，并掀起了 20 世纪 90 年代的虚拟现实文化小浪潮。《雪崩》图书封面如图 4-2 所示。《雪崩》是第一本以网络人格和虚拟现实的初步暗示为特色的赛博朋克小说。主人公 Hiro Protagonist 是一名黑客兼武士兼披萨饼快递员，依靠为黑手党递送披萨饼谋生。当致命的雪崩病毒开始战胜黑客，并且威胁到虚拟现实时，Hiro Protagonist 成了制服病毒的最佳人选。

图 4-2　《雪崩》图书封面

人们认为 1995 年是虚拟现实视觉电影的爆发年，这一年，电影与虚拟现实技术完美融合，电影院上映了多部口碑良好的科幻影片。

电影《时空悍将》是由 Brett Leonard 导演，拉塞尔·克劳、凯莉·林奇、丹泽尔·华盛顿等主演的一部科幻电影，宣传海报如图 4-3 所示。电影讲述了原本存在于训练警探的模拟机上的人工智能席德 6.7 挣脱了虚拟世界的束缚，逃到现实世界作恶，为了阻止他，前警察巴恩斯被紧急召回警队进行抓捕工作，在抓捕席德 6.7 的过程中，巴恩斯在席德 6.7 身上发现了杀害他妻子和女儿的变态杀手的影子。这使得事情变得复杂起来。

图 4-3　电影《时空悍将》宣传海报

1995 年，凯瑟琳·毕格罗（Kathryn Bigelow）的作品《末世纪暴潮》（*Strange Days*），精彩地呈现了利用虚拟现实技术体验他人身体和视觉记忆的感觉。电影《末世纪暴潮》宣传海报如图 4-4 所示。与《时空悍将》一样，《末世纪暴潮》设定的场景也为 1999 年的洛杉矶，剧中的人物利用一款名为 SQUID（超导量子干涉器件）的头戴设备进入他人的生活记录。这部电影迎合了大众的口味，观众进入他人的主观视角，获得了一种浸润式的体验。

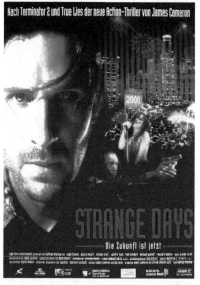

图 4-4　电影《末世纪暴潮》宣传海报

电影《捍卫机密》改编自威廉·吉布森（William Ford Gibson）的同名小说，影片大量呈现了丰富的科幻视觉效果、俚语和想象技术。电影《捍卫机密》宣传海报如图 4-5 所示。这部电影使虚拟现实技术的热衷者近距离观察真正虚拟现实系统的运转模式。通过这部电影，人们开始猜测虚拟现实设备在未来的应用。

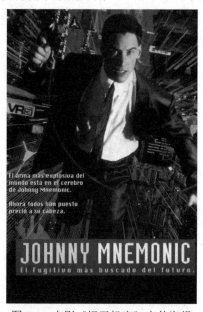

图 4-5　电影《捍卫机密》宣传海报

　　著名演员基努·里维斯（Keanu Reeves）（见图 4-6）是虚拟现实电影演出的先驱者，主演了非常有影响力的电影《黑客帝国》。身为当代虚拟现实偶像的里维斯出现在早期的虚拟现实领域，这种感觉就像查理·卓别林出现在无声电影中，里维斯的出现暗示了身临其境的电影体验的到来。

图 4-6　基努·里维斯（Keanu Reeves）

　　1999 年，电影《黑客帝国》（*The Matrix*）上映，电影《黑客帝国》宣传海报如图 4-7 所示。这部电影是对于虚拟现实描述的标杆之作。从子弹穿越时间到表明环境改变的实时故障，《黑客帝国》给人们留下了一个丰富迷人的虚拟现实环境，更为独特的是该电影将人类以奴隶而非参与者的身份链接到了一个虚拟现实环境中。

　　《黑客帝国》是由华纳兄弟公司于 1999 年开始发行的系列动作片，该影片由安迪·沃卓斯基导演，基努·里维斯、凯瑞-安·莫斯、劳伦斯·菲什伯恩等主演。影片共有三部，第一部于 1999 年 3 月 31 日在美国上映，第二部于 2003 年 5 月 15 日在美国上映，第三部于 2003 年 11 月 5 日在全球上映。

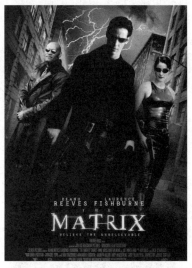

图 4-7　电影《黑客帝国》宣传海报

《黑客帝国》描述了 20 世纪末，拥有人工智能的机器和人类展开了一场大战，最后人类以失败告终。其间人类把天空弄得一片黑暗，处处闪电，使机器无法利用太阳能，只好将人类的生物能作为它们维持正常运作的能量。机器像种庄稼一样把人类培养在某个基地，当人类发育到一定阶段时，再把人类运载到为机器提供能量的基地。为了蒙蔽人类的意识，机器用器件控制了人类的大脑和神经中枢，使人类产生幻觉，让人类感觉自己还生活在只有人类的正常世界中。模拟、控制人类世界的系统就叫 Matrix。被 Matrix 控制的某些人类感觉某些地方不对劲，所以有些人觉醒了，从 Matrix 虚构的世界中回到真实世界中，他们不断去唤醒更多感觉异样的人类，而后组建了人类基地——Zion。在这些人中有一个人是 The One，具有超凡的能力，他准备带领人类赢得战争的胜利，打败机器。这些都是 Matrix 本身安排好的，最终 The One 将回到 Source 去升级 Matrix，而在 Zion 基地的人类会被机器乌贼消灭。The One 在 Matrix 虚构的世界中选取 23 个人重建 Zion 后命丧黄泉。整个人类斗争的过程其实就是 Matrix 自我升级的过程，如此循环反复了五次，直到第六次，Oracle 和 Neo 共同努力，打破了循环，人类最终和机器和解，迎来了暂时的和平。

《黑客帝国》是一部故事体系比较庞大且融合哲学、科幻、宗教于一体的优秀的好莱坞商业大片。影片的震撼之处在于粉碎了人类的"地球主宰"的形象，人类的未来不是被全面解放的，而是被全面奴役的。其中人类整体被奴役的形式颇为独特：意识生活在机器编造的虚拟世界中，肉体则浸没在提供机器生物电能的孵化囊中。人工智能、虚拟现实，这些本是人类目前正在拼命努力的高科技方向，《黑客帝国》的设想给了人们"科技至上主义"当头一棒，引发了人们对于虚拟现实、人工智能等高科技的反思。

电影《异次元骇客》（*The Thirteenth Floor*）是由约瑟夫·鲁斯纳克执导，克雷格·比尔克、阿明·缪勒-斯塔尔、格瑞辰·摩尔、文森特·多诺费奥和丹尼斯·海斯伯特主演的奇幻片，于 1999 年上映。电影《异次元骇客》宣传海报如图 4-8 所示。

电影讲述了道格拉斯·霍尔和汉农·富勒将虚拟现实发挥到了极限，他们在计算机上模拟了 1937 年发生在洛杉矶的故事。他们可以随意出入这个虚拟现实世界。有一天富勒被人暗杀，各种证据表明霍尔就是凶手，于是霍尔再次回到 1937 年的洛杉矶寻找真相。这部电影值得一提的地方是人们可以利用虚拟现实做一些事情，如从一个时空穿梭到另一个时空。虚拟现实将让人们实现在诸如古代罗马和西部边境等地与身着长袍的哲学家和背着枪的牛仔共度欢乐假期。

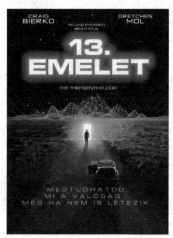

图 4-8　电影《异次元骇客》宣传海报

1999 年，电影《感官游戏》（*eXistenZ*）上映，大卫·柯南伯格利用虚拟现实技术打造了一个世界。人们必须调整自己的身体以便完全融入这个世界中，电影《感官游戏》宣传海报如图 4-9 所示。《感官游戏》是一部混合着虚拟现实和梦境分析的电影作品。电影讲述了一个高科技的电玩游戏，以一个生物体作为驱动器，可以让人身临其境地进入游戏中去历险。男女主角在进入这个游戏后，发现在游戏中还可以进入另一个身临其境的游戏，游戏套游戏，危险也一重重加深，直到游戏结束。

图 4-9　电影《感官游戏》宣传海报

1999 年有多部口碑良好的具有虚拟现实元素的电影上映，所以很多人称 1999 年为虚拟现实电影的井喷年。

21 世纪，虚拟现实和赛博朋克已经成为科幻小说中一个成熟的概念。2007 年，中国作家刘慈欣在其作品《三体》中也描写了虚拟现实游戏《三体》和配套的游戏装备 "V 装具"。图 4-10 所示为科幻小说《三体》的封面。 在刘慈欣的科幻小说《三体》中，科学家汪淼穿上虚拟现实装备进入《三体》游戏世界，其在茫茫干涸之地跋涉，与周文王及其追随者一起向着商朝首都朝歌行进。中国纳米材料专家汪淼是一位国内尖端纳米材料科学家，在他看到神秘的倒计时之后，发现夜晚地球上方的寂静的星空开始莫名地闪烁，而后，他发现一款高智商网络游戏中一个在三个行踪不定的太阳下炙烤的行星是真实存在的。那里的 "三体文明" 用它们的科技武器 "智子" 锁死了地球科技，并于 400 年后到达地球。一场即将到来的文明浩劫以压迫性的态势摆在人类面前。在这部小说中，游戏者在进入《三体》游戏之前，需要戴上一个全视角显示头盔并穿上一套感应服。通过记录视网膜特征，感应服可以使玩家从肉体上感觉到游戏中的击打、刀刺和火烧。

图 4-10　科幻小说《三体》封面

　　2009 年，詹姆斯·卡梅隆利用"化身"的概念制作了一部电影《阿凡达》（*Avatar*）。电影《阿凡达》宣传海报如图 4-11 所示。"Avatar"这个词作为用户操作的虚拟现实化身，最先是由游戏开发者理查德·加洛特在《创世纪 4》中确立的，之后由尼尔·斯蒂芬森在电影《雪崩》中推向大众。《阿凡达》由詹姆斯·卡梅隆执导，二十世纪福克斯电影公司出品，萨姆·沃辛顿、佐伊·索尔达娜和西格妮·韦弗等人主演，于 2009 年 12 月 16 日以 2D、3D 和 IMAX-3D 三种制式在北美上映。

　　该片主要讲述人类穿上阿凡达的躯壳，飞到遥远的星球潘多拉开采资源。受伤后以轮椅代步的前海军杰克·萨利，自愿接受实验并以他的阿凡达来到潘多拉。在结识了当地纳美族公主涅提妮之后，杰克·萨利在一场人类与潘多拉军民的战争中陷入两难。

图 4-11　电影《阿凡达》宣传海报

在一次采访中，卡梅隆曾说："如果我没有制作《阿凡达》这部电影，我就会尝试虚拟现实技术，我每天都在虚拟现实环境中工作。"卡梅隆希望虚拟现实达到一个人们可以自由地在虚拟世界中漫游的境界。

在二次元动漫迷中影响比较大的作品是 2009 年的日本科幻小说《刀剑神域》，该小说于 2012 年被改编为动画片。《刀剑神域》动画片剧照如图 4-12 所示。这部动画片的设定很直白：大家通过一种名叫 NERDLES（NERve Direct Linkage Environment System）的超先进神经直连设备进入一个大型虚拟现实多人游戏中，然后游戏机出了故障，没办法退出。此时，游戏设计师的化身告诉大家，突破游戏顶层，打倒最终 Boss 是离开游戏的唯一方法。在游戏中死亡，或者试图脱下设备都会导致真身死亡。于是进入游戏的玩家开始了奋战。这部动画片在日本科幻和虚拟现实圈内产生了非常大的影响。2016 年 2 月，日本 IBM 推出了一款 VR 多人游戏《刀剑神域：The Beginning》，该游戏使用了目前的 VR 头显、Leap Motion 手势追踪器和 Kinect 体感控制器。有将近 10 万名粉丝申请测试该游戏。

图 4-12　《刀剑神域》动画片剧照

2009 年，美国著名小说家乔纳森·艾伦·勒瑟姆（Jonathan Allen Lethem）出版《久病之城》。《久病之城》封面如图 4-13 所示。这本被当年《纽约时报》评为十大好书之一的小说，受到了虚拟现实较为深刻的影响。

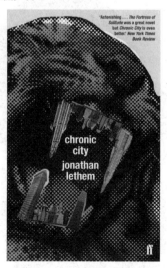

图 4-13　《久病之城》封面

2011 年出版的《玩家 1 号》(*Ready Player One*) 是美国科幻作家恩斯特·克莱恩(Ernest Cline)关于虚拟现实的重要作品，其向读者构筑了一个奇特多元的未来图景，讲述了主角体会并享受着虚拟世界的美好与庇护。《玩家 1 号》封面如图 4-14 所示。

图 4-14　《玩家 1 号》封面

4.1.2　一次商业收购引发 VR 技术全面爆发

1. 概念产品迸发

20 世纪 90 年代，随着虚拟现实理论的完善和各项技术的进步，各个公司相继发布自己的概念产品。

Sega VR 是 Sega 公司于 1993 年研发的头部跟踪虚拟现实头戴式显示器。图 4-15 所示为设想中的 Sega VR。由于技术缺陷，主机版 Sega VR 一直停留在原型阶段，尽管有 4 款游戏是专门为其开发的，但是 Sega VR 从未走向大众市场。

图 4-15　设想中的 Sega VR

1993 年,雅达利公司与娱乐 VR 系统制造商 Virtuality 联合开发并发布了虚拟现实头盔 Jaguar VR,如图 4-16 所示。可惜的是,Jaguar VR 并未取得太大成功,据说至今仅有 2 个原型机存在,其中一个在 eBay 上被拍卖,售价超过 14 000 美元。

图 4-16   Jaguar VR

Victormaxx 公司生产的 Cybermaxx 如图 4-17 所示,这是 Victormaxx 公司于 1994 年推出的一款虚拟现实设备,它可以在两个 0.7 英寸的彩色液晶平板显示器上展示立体 3D 效果。1995 年 Cybermaxx 2 在电子娱乐博览会上引发巨大轰动,它拥有更高的分辨率,不仅支持 PC,而且支持 VCR 和游戏机。

图 4-17   Victormaxx 公司生产的 Cybermaxx

1995 年,由美国 Forte Technologies Incorporated 公司发布的 Forte VFX-1,如图 4-18 所示,被认为是世界上第一个商用的头戴式显示器,当时售价为 599 美元。Forte VFX-1 利用其作为计算机辅助设备的优势,支持射击游戏《突袭》(*Descent*)和《毁灭战士》(DOOM)

等。它配有双液晶显示器、内置耳机、头部追踪器，还有专用的控制器，只是戴起来让人感觉极不舒服。

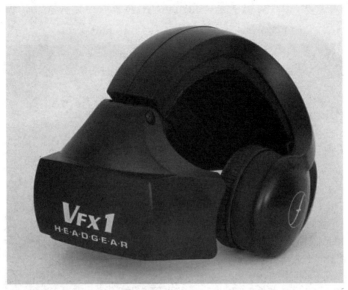

图 4-18　Forte VFX-1

1995 年，任天堂也推出了一款头戴式显示器——Virtual Boy，如图 4-19 所示，这堪称游戏界对虚拟现实的第一次尝试。Virtual Boy 是任天堂推出的第一台 3D 主机。可惜由于理念过于前卫及当时技术本身的局限性，体积较大，并不算是真正的便携式设备，会令人产生不舒服的感觉，在性能上也不能提供真正的"虚拟现实"体验，它只能显示红色的图形。最终 Virtual Boy 当年停产，并被视为商业败笔。

图 4-19　任天堂推出的 Virtual Boy

1996 年 10 月 31 日，世界上第一场虚拟现实技术博览会在伦敦开幕。在这次会议中，人们可以通过网络进入展厅和会场等地，可以从不同角度和距离观看展台和展品，并有配音及互动行为。

1996 年 12 月，世界上第一个虚拟现实环球网在英国投入运行，实现了网上的虚拟旅游。而随着计算机技术及网络技术的迅速发展，VR 技术日新月异。有人说：虚拟现实技术的问世，是因特网继纯文字信息时代之后的又一次飞跃，其应用前景不可估量。

1996 年，NPS 公司使用惯性传感器和全方位踏车将人的运动姿态集成到虚拟环境中。

图 4-20 所示为飞利浦公司于 1997 年推出的虚拟现实设备——Philips Scuba RV，售价为 299 美元，它可以提供多彩的颜色和动态立体声音，也可以利用 PC 鼠标接口模拟头部追踪系统。

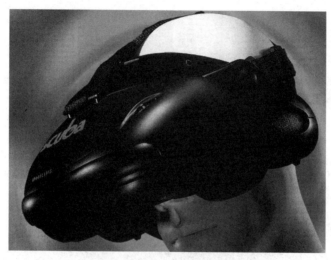

图 4-20　Philips Scuba RV

1997 年 12 月，VRML（Virtual Reality Modeling Language）作为国际标准正式发布，1998 年 1 月正式获得国际标准化组织 ISO 批准，这意味着 VRML 已经成为虚拟现实行业的国际标准。VRML 可用于建立真实世界的场景模型或作为人们虚构的三维世界的场景建模语言，被称为虚拟现实引擎的鼻祖。

据 1999 年 3 月新闻报道，美国明尼苏达州梅奥诊所将虚拟现实技术应用于结肠癌诊断，这项技术使医生仿佛身临其境地在结肠中"穿行"，寻找肿瘤或息肉部位。新技术还可将结肠图像局部放大，以便对细小部位进行研究。在对 70 名患者所做的研究中，医生们发现，利用虚拟现实技术进行检查要精确得多。这种方法对患者来说好处更多，使用此方法无须让病人保持镇静状态，整个扫描过程不到 2 分钟。而使用普通的验血方法，患者不但要承受一定的痛苦，而且确诊率不足 50%。

1999 年 4 月 19 日至 21 日，德国多特蒙德大学机器人研究所与日本宇宙开发事业团合作完成了用虚拟现实技术遥控太空机器人的实验。两国科学家在日本筑波的卫星地面控制中心通过虚拟现实头盔和数字手套指挥一台机器人。这台机器人搭载于日本的工程实验卫星"ETS7"上，在距地面 500 千米的近地轨道运行。借助虚拟现实技术，地面上的科学家在头盔中看到的景物就是机器人在太空中"看到"的景物。与此相应，进行实验的专家转动头部或挥挥手，机器人也会做同样的动作。地面上的真人和太空中的机器人实现了"心有灵犀一点通"。科学家戴上头盔和手套操纵机器人，能遥控机器人避开各种障碍物。该实验证明虚拟现实技术使远距离操纵机器人完成研究和探测使命更容易、更方便。例如，一位生物学家能够在自己的办公室里戴上头盔和手套研究太空中实验生物的生长情况，而在太空中"亲临现场"的却是一台机器人。

在 21 世纪的第一个十年里，手机和智能手机迎来爆发期，虚拟现实仿佛被人们遗忘。尽管在市场尝试上不太乐观，但虚拟现实的爱好者们从未停止在 VR 领域的研究和探索。索尼在这一时期推出了一款质量为 3 千克的头盔，Sensics 公司也推出了具有高分辨率和超宽视野的显示设备——piSight。由于 VR 技术在科技圈已经充分扩展，科学界与学术界对其越来越重视，VR 技术在医疗、飞行、制造和军事领域开始得到深入的应用研究。

2006 年年底，一个基于因特网的虚拟世界游戏《第二条命》受到广泛的关注。玩家在游戏中被称为"居民"，可以在虚拟世界中闲逛、社交、聊天和参加各种活动。这种二次元世界为玩家提供了一个更高层次的社交网络。

2012 年，虚拟现实的爱好者帕尔默·拉吉（Palmer Luckey）通过众筹网站筹到近 250 万美元，开发了为电子游戏设计的头戴式显示器 Oculus Rift，这开始改变人们游戏的方式。图 4-21 所示为 Oculus Rift 首款实体机 DK1。

图 4-21　Oculus Rift 首款实体机 DK1

Oculus Rift 具有两个目镜，每个目镜的分辨率为 640px×800px，双目视觉合并之后拥有 1280px×800px 的分辨率，并且具有陀螺仪控制的视角，这是这款游戏产品的一大特色，使得游戏的沉浸感大幅提升。Oculus Rift 可以通过 DVI、HDMI、micro USB 接口连接计算机或游戏机。

2. Facebook 高价收购 Oculus

2014 年 7 月，互联网巨头 Facebook 宣布以 20 亿美元收购 Oculus。Facebook 收购 Oculus 的网络新闻报道如图 4-22 所示。

Facebook 首席执行官马克·扎克伯格（Mark Zuckerberg）发布声明称，该公司计划将 Oculus 拓展到游戏以外的业务，"游戏之后，我们将把 Oculus 打造成提供其他多种体验的一个平台。想象一下，坐在场边的座位上观看比赛，坐在有来自世界各地的老师和学生的教室里学习，或者与医生面对面咨询，这只需要在你家里安装这样一台设备。"

扎克伯格在交易宣布后的新闻发布会上表示，他坚信虚拟现实将成为继智能手机和平板电脑等移动设备之后，计算平台的又一大事件。扎克伯格说："历史经验说明，未来会有更多平台出现。"他表示主要计算平台的控制者将定义整个科技行业。扎克伯格说："今天的收购是对未来的长期投资。"

Facebook Buys Oculus VR For $2 Billion

Steve Kovach
Mar. 25, 2014, 5:42 PM   134,958   55

| FACEBOOK | LINKEDIN | TWITTER | EMAIL | PRINT |

Facebook is buying Oculus VR, a startup that makes virtual reality headsets, in a $2 billion deal.

Oculus doesn't make a consumer product yet, but its headset called the Oculus Rift for video game developers has completely changed the way many feel about video games.

The device is nearly impossible to describe. It makes you feel like you're truly immersed in a virtual environment. It's one of those things you have to try to fully understand. And we guarantee it'll blow your mind.

William Wei, Business Insider

图 4-22   Facebook 收购 Oculus 的网络新闻报道

自从该收购公开后，通过风险投资交易在 VR 和增强现实（AR）上的投资金额达到了原来的三倍。据统计，2014 年第四季度投资者共投资了 42 个 VR 和 AR 项目，总金额达到 2.4 亿美元。而 2013 年全年只有 37 个 VR 和 AR 投资项目。

该事件强烈刺激了科技圈和资本市场，沉寂了多年的虚拟现实终于迎来了爆发。自此以后，大众才开始慢慢对 VR 有所了解。经过一段时间的积淀与发展，VR 技术被普遍看好，国内外开始涌现出大量 VR 研发公司。业内人士普遍认为，Facebook 收购 Oculus 促使 VR 从单纯的概念变为各大科技公司竞相竞争的产品。这次收购极大程度地激发了开发人员和投资者对 VR 产业的信心。另外，从市场竞争的角度看，Facebook 收购 Oculus，直接让索尼、谷歌和 HTC 等正在开发头显设备的公司开始紧张起来。随后，其他企业也马上跟进。索尼在 Oculus 被收购后一周就发布了一直在研究 VR 头显的消息。谷歌同样如此，并于一个月后发布了 Google Cardboard 头显。VR 开发商认为，Facebook 让大家开始行动了。HTC 的产品很棒，索尼的产品也很棒，这并不是巧合。当业界知道要和 Facebook 竞争的时候，大家开始认真提高自己产品的性能。

同年，来自中国的 VR 公司 3Glasses 继 Oculus Rift 之后推出了亚洲首款（全球第二款）量产 VR 头盔 3Glasses D1，3Glasses D1 宣传画面如图 4-23 所示。

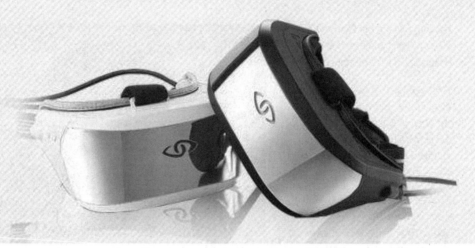

图 4-23　3Glasses D1 宣传画面

　　2014 年，各大公司纷纷开始推出自己的 VR 产品，谷歌推出了廉价易用的 Cardboard，三星推出了 Gear VR 等，消费级的 VR 产品开始大量涌现。直到 2015 年年末，高盛集团的一份预测报告刷爆了互联网从业者的朋友圈。主流科技媒体再次把 VR 扶到了元年的位置上，虚拟现实正式成为风口浪尖行业，由此拉开了轰轰烈烈的 VR 创业淘金运动。仅中国互联网线上平台销售渠道就有超过百万的 VR 眼镜出货量。

4.1.3　2016 年——VR 元年

　　2016 年，备受期待的三大高端虚拟现实产品：Oculus Rift、HTC Vive 及 PlayStation VR 正式上市发售。经过前期的酝酿和 2016 年的发展，2016 年被业界称为"VR 元年"，代表了一个全新的开端。

　　2016 年 1 月，AR 特效广告打响了这一年虚拟现实发展的开局。拥有 1.5 亿个用户的 Snapchat，在 2016 年成功借 AR 技术进行了广告创收。其开发的基于地理位置的滤镜功能，能让用户的面部添加"彩虹口水"特效。"彩虹口水"AR 广告画面如图 4-24 所示。而这些特效是由第三方公司的产品幻化而来的。在万圣节当天，《史努比：花生大电影》花费了 75 万美元承包了当天的滤镜广告，为 AR 广告打造了一次优秀的案例。

图 4-24   "彩虹口水"AR 广告画面

2016 年 2 月，在三星 S7 系列新品发布会现场，主持人请在座的观众带上 Gear VR 体验一段 VR 视频，在这个过程中，Facebook 首席执行官马克·扎克伯格意外现身发布会现场，扎克伯格潇洒地走上台，然而旁边头戴 VR 头盔的记者一点儿也没有注意到，如图 4-25 所示，此图一出，立即引爆互联网。这一幕似乎预示未来 VR 将全面涌入人类社会，人们沉浸在 VR 世界中无法自拔，分不清虚拟与现实。

图 4-25   三星 S7 系列新品发布会现场观众观看 VR 视频

2016 年 2 月，阿里巴巴、谷歌领投 Magic Leap（成立于 2011 年，是一家位于美国的增强现实公司）C 轮融资共计 7.94 亿美元。这使得后者的估值一度飙升至 45 亿美元，是 Oculus 卖给 Facebook 的价格的二倍多。

2016 年 3 月，淘宝启动"Buy+"计划，阿里巴巴宣布成立 VR 实验室，目标是建立全球最大的 3D 商品库，引领未来虚拟世界购物体验。同年 4 月 1 日，阿里巴巴推出 VR 购物产品"Buy+"的宣传片并引爆网络。"Buy+"宣传画面如图 4-26 所示。当年 9 月，"Buy+"上线测试，在 360 度全景浸入式的购物环境中，用户可以更真实地了解衣物的细节及品质。

图 4-26 "Buy+"宣传画面

2016 年 3 月，中华人民共和国全国人民代表大会会议和中国人民政治协商会议召开，在大会期间 VR 成为亮点，在报道现场，各大媒体记者纷纷拿出 VR 拍摄设备进行素材采集。VR 应用画面如图 4-27 所示。新华社官网专门开辟 VR 报道专区，新华社四川报道了线下 VR 体验活动，财新传媒出品了国内首部 VR 纪录片。

图 4-27 VR 应用画面

2016 年 3 月 28 日，Oculus Rift 正式开始发货。Oculus 创始人 Palmer Luckey 亲自带着一台 Oculus Rift 飞到拉斯维加斯，将其交给全球第一位用户。这意味着 Oculus Rift 正式开售，虽然此后 Oculus Rift 遇到了组件短缺等问题，但是并不影响它的知名度。

2016 年 4 月 1 日，微软向开发者推出了 Microsoft Hololens 头戴设备，微软宣布全息 AR 眼镜 Hololens 将开始正式发货，第一批设备只面向开发者和企业合作伙伴，售价为 3000 美元。

2016 年 4 月 5 日，HTC Vive 正式发货，首批预订并成功完成尾款补交的中国大陆用户开始陆续收到 HTC Vive 消费者版。HTC Vive 中国区总经理汪丛青亲自把 HTC Vive 消费者版送到了三位用户手中。

Google I/O 大会：Innovation in the Open（寓为"开放中创新"），是每年由谷歌举办的网络开发者年会，其中文名为谷歌开发者大会，讨论的焦点是用谷歌和开放网络技术开发网络的应用，谷歌会在大会上发布一些最新产品。2016 年 5 月，Google I/O 大会展示了虚拟现实平台 Daydream VR，如图 4-28 所示。行业人士普遍认为移动 VR 才是行业发展的大趋势，其中手机 VR 将占据相当重要的位置。但由于系统原因，现有安卓手机几乎无法满足 VR 低延迟等要求，因此，人们普遍希望谷歌做一款适用于 VR 的系统。谷歌称，Daydream VR 优化了 VR 的算法，能够有效地降低延迟、减少眩晕感。Daydream VR 的合作伙伴包括三星、HTC、华为、小米等设备厂商，Netflix、Hulu、YouTube 等视频内容厂商，以及 EA、NetEase 等游戏开发商。

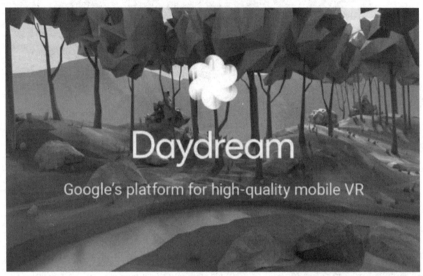

图 4-28　谷歌虚拟现实平台 Daydream VR 宣传画面

2016 年 7 月 25 日，谷歌发布了 Tango，如图 4-29 所示，这是一项能够让手机变身感应雷达的技术，最初与联想 Phab 2 Pro 一同推出。Phab 2 Pro 是全球第一款搭配 Tango 功能的设备，通过机身上的四个摄像头和一系列感应器，手机能够像雷达一样精准地感知周围环境。

图 4-29　谷歌发布的 Tango

2016 年 7 月,一款"前沿 AR 元素+成熟的 LBS[①]技术+超级 IP"的宠物养成对战类 RPG 手游 *Pokémon GO* 发布。*Pokémon GO* 游戏界面如图 4-30 所示。自从 *Pokémon GO* 在澳大利亚、新西兰首发之后,迅速开始全球刷屏。这款手游发布后,创下了单日最高 450 万名在线用户的记录,不到一个月时间获得近 5000 万名日活跃用户。市场研究公司 App Annie 发布的数据显示,*Pokémon GO* 只用了 63 天,就通过 iOS 和 Google Play 应用商店在全球赚了 5 亿美元,成为史上赚钱速度最快的手游。

图 4-30 *Pokémon GO* 游戏界面

2016 年 8 月,里约奥运会首次进行 VR 转播,如图 4-31 所示,除了用 VR 转播本届奥运会开、闭幕式,每天还进行一场关键赛事的 VR 转播。虽然用 VR 转播的赛事不多,传统的直播和高清拍摄仍是主流,但在如此大的赛事上采用 VR 技术尚属首次。借助奥运会,VR 再次为人们所熟知。

图 4-31 里约奥运会首次进行 VR 转播

---

① LBS 全称为 Location Based Services,利用各类型的定位技术获取定位设备当前所在位置,其通过移动互联网向定位设备提供信息资源和基础服务。

在里约奥运会期间，腾讯发起了利用手机 QQ 传递 AR 火炬的活动，如图 4-32 所示。累计有超过 1 亿人次参与。这一规模打破了历届奥运会火炬传递人数的记录，而其背后的功臣便是 AR 技术。这也是目前规模最大的、利用 AR 技术进行的一次线上营销。后来，这一记录被支付宝 AR 打破。

图 4-32　腾讯发起利用 QQ 传递 AR 火炬的活动

2016 年 9 月 7 日，Meta 2 智能眼镜发布，作为与微软 Hololens 对标的一款产品，Meta 2 的性能比第一代性能有很高的提升，但是它的价格只是 Hololens 的三分之一，同时装配了手势传感器、位置追踪传感器和 4 个内置扬声器，如图 4-33 所示。但问题是，Meta 2 作为 2016 年相对廉价的平民级量产设备，必须连接计算机才能使用，还无法独立运行 App。

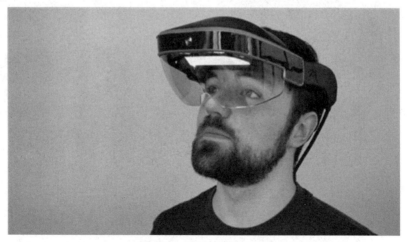

图 4-33　Meta 2 智能眼镜

2016 年 10 月 13 日，索尼在北京召开发布会，正式向全球同步发售 PS VR，如图 4-34 所示。依托于市场销量已达 4000 万台的 PS4 游戏主机，PS VR 市场销量大好。根据游戏和 VR 分析公司 SuperData Research 的估算，PS VR 的预期销量将接近 75 万台，远高于 HTC Vive 的 45 万台销量和 Oculus Rift 的 35 万台销量。

图 4-34 索尼 PS VR

2016 年 11 月，中国国内的亮风台（上海）信息科技有限公司发布 AR 智能眼镜 HiAR Glasses，如图 4-35 所示，这是全球首款搭载骁龙 820 处理器的 AR 眼镜，也是国内第一款真正把语音、手势、图像识别融合在一起的 AR 眼镜。

图 4-35 AR 智能眼镜 HiAR Glasses

2016 年 12 月 30 日，王菲在上海举办"幻乐一场 2016"演唱会，本次演唱会采用 VR 直播，如图 4-36 所示。这次演唱会对 VR 起到了很好的宣传推广作用。演唱会相应的 VR 环节由数字王国操刀，这是一家为好莱坞多部电影（包括《阿凡达》等）制作特效的公司。

图 4-36　王菲演唱会 VR 直播宣传

2017 年 1 月 5 日，华硕的 ZenFone AR 智能手机发售，它是华硕首款采用 Tango 技术且支持 Daydream 技术的智能手机，如图 4-37 所示。它可以通过运动追踪、深度感知和区域学习来体验增强现实。ZenFone AR 智能手机支持谷歌的 Daydream 技术，与 Google 平台兼容，可以实现较高质量的行动虚拟现实。

图 4-37　华硕的 ZenFone AR 智能手机

4.1.4 VR 行业品牌故事

虚拟现实技术的全面爆发，激励着行业市场，该领域涌现出一批虚拟现实创业公司，一些科技巨头公司也纷纷开辟自己在 VR 界的一席之地。图 4-38 所示为 VR 界的领军品牌。

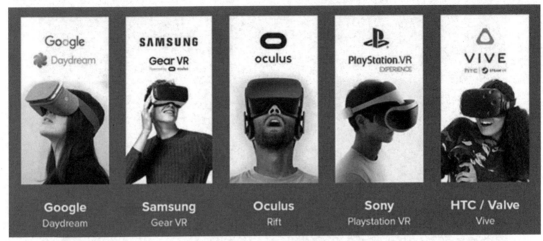

图 4-38　VR 界的领军品牌

1. Oculus

Oculus VR，简称 Oculus，是一家美国虚拟现实科技公司，由 Palmer Luckey 与 Brendan Iribe 于 2012 年创立。

Palmer Luckey 于 1992 年 9 月 19 日出生在美国加利福尼亚州，父亲是一名汽车推销员，母亲是一名全职妈妈，在家照顾 Luckey 和他的三个妹妹。

童年时期，Luckey 喜欢维修电子产品，组装自己的计算机和游戏设备。曾经一段时间，他对激光相当着迷，在一次实验时，在视网膜上烧下了一个小盲点。为了支撑自己的各种兴趣，16 岁的 Luckey 开始了修理 iPhone 手机的业务。靠着维修及转售损坏的 iPhone 手机，Luckey 至少赚了 3.6 万美元。

Luckey 对虚拟现实技术的兴趣源于其对电子游戏的热爱。他花费数万美元建造了一台"六显示器"计算机。即使这样，他也没有实现自己想象的游戏沉浸感。最后，他想，"为什么不把一个小屏幕直接放在脸上呢？这个想法让 17 岁的 Luckey 开始在父母的车库里构建 Oculus 的原型机。

2010 年，Luckey 选择了本地的加州州立大学就读新闻专业。在大学期间，他去了 VR 技术先驱 Mark Bolas 的实验室做实习生。Bolas 和他的学生耗费多年精力致力于改善 VR 头戴设备，研究所用的源代码都是公开的。Luckey 吸取了他们研究中的精华，改善自己的作品，在虚拟现实方面的技术炉火纯青。

2012 年 4 月，年仅 19 岁的 Luckey 完成了他的第六个 VR 设备原型，他将此产品命名为 Rift（裂缝），希望产品能如其名字一样成为架设于现实世界和虚拟世界之间的桥梁。

Luckey 为设计 VR 设备原型，在 MTBS3D、Meant to Be Seen in 3-D 等技术论坛上建立制作团队，集思广益。他的六个模拟器雏形都是在这些论坛参与者的积极帮助下完成的，作为回报，Luckey 也给论坛里的会员提供各种技术上的帮助。这些论坛里的有些会员才华横溢，如 John Carmack，在 1991 年与别人合伙创立了 id Software 公司，对 3D 加速技术的贡献无人能及，是游戏界的教父级人物，代表作有 Quake、Doom 系列和 Wolfenstein 3D

等。在 Oculus Rift 还处于原型阶段时，John Carmack 就参与了技术支持，在硬件层面让 Doom 3 支持 Oculus Rift。

Luckey 向 John Carmack 邮寄出了他的一台 Rift。两个月之后，在洛杉矶的 E3 电子游戏展览上，John Carmack 用 Rift 展示了如何使用虚拟实现技术玩 Doom 3 游戏，并且逢人就夸赞 Rift 先进好用。口口相传之下，很快流媒体游戏公司 Gaikai 的产品总管 Brendan Iride 找到 Luckey，想要看一下产品展示，看完展示之后他被产品深深撼动，当下就提出要投资。

2012 年 7 月，依赖于 Brendan Iride 赞助的几十万美元的原始资金，Oculus 虚拟现实技术公司成立。由于公司依旧紧缺资金来完成最新的设备模型，Luckey 采用了一种当时还处在初期的商业策略，即众筹。他在 Kickstarter 网站上发起了一个众筹活动，将 Oculus Rift 摆上众筹平台 Kickstarter 的货架，众筹宣言是"从此彻底改变玩家对游戏的了解"。Luckey 希望能为他的模型筹集 25 万美元。所筹资金在两个小时之内就超过了 25 万美元的起始目标。筹款活动第一天，Luckey 在德州的达拉斯参加每年举办的 QuakeCon 游戏展览，展出他的 Rift 样机。"我们连一块展示标牌都没有，就只有一张桌子设立在那里。"Luckey 回想道："但是那一整个周末，每天我们展位前的队伍都要排到两小时左右。这时候我才意识到我们的产品要大赚一笔了。大多数正常人也都是对虚拟现实感兴趣的，不是只有我们这帮爱好科幻片的呆子。"

在一个月之内 Luckey 就从 9522 个支持者那里筹集到 240 万美元。投资人 Brendan Iribe 成为公司的首席执行官。2013 年 8 月，产品最有力的宣传者 John Carmack 也加入公司成为首席技术官。

2013 年 8 月，首批 Oculus Rift 虚拟现实头盔发货。最低价的虚拟现实头盔 Oculus Rift 限量版售价为 275 美元（约合人民币 1700 元），普通版本售价为 300 美元。

在发售硬件的同时，Oculus 和 Unity、Epic Games、Valve 等公司展开合作，SDK 开发包放出后，每天都有数十款新的游戏或 Demo 支持 Oculus Rift。从当时来看，无论是 SDK 的稳定性，还是开发的上手易用性，Oculus 的 VR 产品在软、硬件上都交出了高于公众预期的成绩单。

2013 年年底，Oculus VR 再次获得 7500 万美元的 B 轮融资，领投方为 Oculus VR 的天使投资方 A16Z。此轮融资之后，A16Z 的创始人 Marc Andreessen 也加入了 Oculus VR 的董事会。

市场的狂热反应使 Luckey 和他的产品成了明星。从 South by Southwest 电影展再到 Games Developer Conference（游戏开发者会展），感兴趣的人们愿意排几个小时的队伍来体验一次虚拟现实世界。沙丘路上风险投资公司里记录着：2013 年 6 月，Oculus 结束了其首轮私募融资，Spark Capital 和 Matrix Partners 同时以 1600 万美元的投资领先，六个月之后在第二轮融资中 Andreessen Horowitz 以 7500 万美元的出价拔得头筹，而这一轮的估价已经提升到了 3 亿美元。

"VR 技术一直以来都是遥不可及的梦想，大多数科技行业圈内的人甚至已经放弃这个念想了。"Andreessen Horowitz 的合伙人之一 Chris Dixon 这么评价道："我们第一次见到 Palmer Luckey 的时候，我们发现他不仅从来没有放弃这个梦想，而且他清楚知道怎么动用当今所有最先进最重要的科技条件来使这个梦想成真。"

一位 21 岁青年制作出来的头戴虚拟器模型居然被估价为 3 亿美元,许多人听闻后都为之一振。Facebook 的老板马克·扎克伯格用电邮的方式联系了 Luckey。于是,2014 年 1 月,扎克伯格亲临 Oculus 办公室,亲自体验了 Rift 的魔力。

Luckey 在回忆时说道:"我们从一开始就不停地和扎克伯格交流,因为我们真是急于炫耀一下我们的产品。他也是 VR 技术的头号粉丝,而且他与我们有着同样的期望——在不远的将来每个人都将体验或拥有 VR 技术。"

两个月之内,这两个团队就定下了总共价值 20 亿美元的合同,Facebook 在 2014 年以 20 亿美元的价格收购 Oculus。在 Facebook 看来,Oculus 的技术开辟了全新的体验和可能性,不仅在游戏领域,还在生活、教育、医疗等诸多领域拥有广阔的想象空间。

Oculus Rift 不只是一个硬件,而是包含软件开发工具包(SDK)在内的一整套开发系统。用户不仅可以通过这个系统体验非凡的 VR 感受,还可以在这个系统上开发自己的 VR 游戏。

图 4-39 所示为 Oculus Rift DK1,简称 Oculus 一代。它的硬件部分是一个头戴式的显示设备,通过 HDMI 或 DVI 输入,使用 Oculus 一代必须连接计算机。而这种全封闭的设计,虽然看起来有些笨重,但是可以带给人全方位的沉浸体验。Oculus 利用双眼成像原理来构建 3D 视觉效果。

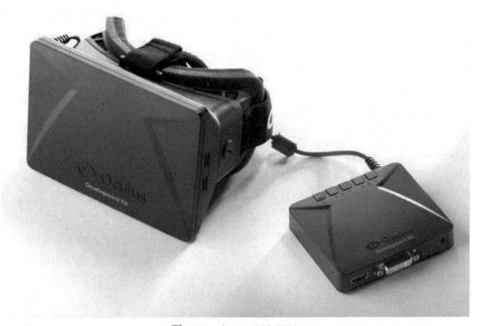

图 4-39　Oculus Rift DK1

Oculus 一代通过让双眼看到同一场景的不同角度的画面来创造立体感。Oculus 一代将通过计算机输入 Oculus 一代中的原始画面平均分成两部分,左边显示左眼看到的画面,右边显示右眼看到的画面,如图 4-40 所示。

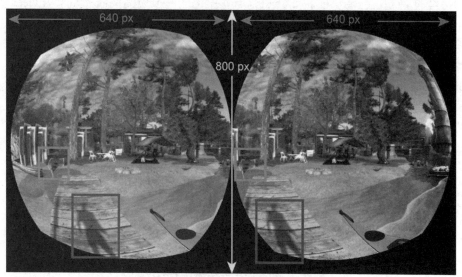

图 4-40 通过 Oculus 一代看到的左右画面

Oculus 提供的软件开发套件可以生成不同视角的画面。虽然屏幕分辨率为 1280px×800px，但是因为屏幕被分成了两幅画面来显示，所以单幅画面只有 640px×800px 的分辨率。

Oculus 一代的目镜是两块亮闪闪的凸透镜，这两块凸透镜有超高的放大倍数，如图 4-41 所示。之所以使用这样的设计，是因为屏幕离眼睛非常近，裸眼只能看到其中很小的一部分画面，这样就造成了视角不够大的问题。这两块高倍数的凸透镜可以弥补视角上的不足，达到比较令人满意的 110° 视角。但是带来另一个问题：边缘画面会产生畸变，必须对图像进行"预先畸变"来矫正。还有一种可行的方案是使用复杂的柱形透镜，这种透镜的好处是无须对画面进行"预先畸变"，但是对透镜的光学特性要求非常苛刻。

图 4-41 Oculus 一代的目镜

Oculus 一代内置了 IMU（惯性测量单元）来实现四向（上、下、左、右）的视角追踪，这样计算机就可以获知眼睛所看向的方向。可惜的是，Oculus 一代的前、后运动信息只能通过操作键盘或者手柄来获得。

2014 年 9 月初，三星发布了和 Oculus 合作推出的虚拟现实头戴式显示器 Gear VR，该设备允许 Galaxy Note 4 用户将其手机直接连接到 Gear VR 上。Oculus 希望在虚拟现实的软硬件领域构建一个全新的生态系统，这样等到消费版产品推出，消费者可以直接体验到相对完备的内容。

Brendan Iribe 表示，移动和桌面虚拟现实最终将形成互补，而非竞争。虚拟现实尽管有巨大的机会，但是目前仍然缺乏一个能够点燃市场的"杀手级应用"。

2014 年 9 月，在洛杉矶 Oculus Connect 大会上，Oculus 展示了新一代头戴式 VR 头盔原型机——Crescent Bay，如图 4-42 所示。相对于 Oculus Rift，Crescent Bay 的帧率有所提升，它整合了耳麦，可以实现对头部 360°的运动侦测，质量也更轻。在大会上，Oculus 同时推出了全新的 Oculus Platform，开发者可以推出在虚拟旅游、医疗健康、影视娱乐、在线教育领域的各种虚拟现实应用。

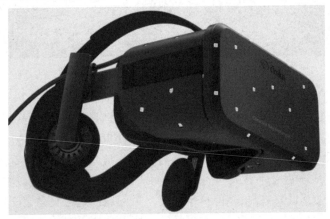

图 4-42　Crescent Bay

2015 年 6 月 13 日，Facebook 公司旗下子公司 Oculus 正式发布了消费者版 VR 头显 Oculus Rift CV1，如图 4-43 所示。这款设备于 2016 年年初正式上市销售，上市时售价为 599 美元。

图 4-43　Oculus Rift CV1

2018 年 1 月，Facebook Oculus 宣布，将在中国发布一款 VR 设备，合作伙伴为小米科技有限责任公司（简称小米）。此款设备被命名为 Mi VR。Mi VR 的软件将由小米提供，搭载高通骁龙芯片。

Facebook 全新虚拟现实头戴设备 Oculus Rift S 及 Oculus Quest 在 2019 年 5 月 21 日正式上市，两款设备都支持六个自由度的头部和手部跟踪。

毫无疑问，Oculus Rift S，如图 4-44 所示，是一款为电子游戏设计的头戴式显示器。两个目镜、陀螺仪控制视角等功能更是产品的一大特色。Oculus Rift S 是 Oculus Rift 的升级版，必须接入计算机，比 Oculus Rift 拥有更好的光学性能和更高的显示效果。与 Oculus Rift 采用的 OLED 面板相比，Oculus Rift S 采用了单块快速切换 LCD 面板。Oculus Rift S 显示器的分辨率为 2560px×1440px，单只目镜的分辨率为 1280px×1440px，支持跟踪系统，方便追踪全身运动。Oculus Rift S 的售价为 399 美元。

业内人士表示，Oculus Rift S 能大大提升 VR 游戏的沉浸感。创新型的设计并没有抛弃旧版本的适应性，此前在第一代产品平台上购买的每个游戏都可以在 Oculus Rift S 上应用。

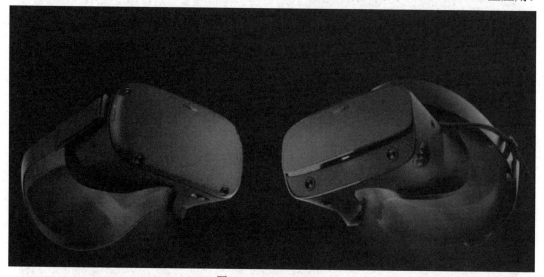

图 4-44　Oculus Rift S

Oculus Quest 属于 VR 一体机，不需要连接计算机，内置高通骁龙 835 芯片组和 4GB 内存。其中 64GB 版售价为 399 美元，128GB 版售价为 499 美元。Oculus Quest 采用了 OLED 显示器，每个显示器的分辨率可达 1440px×1600px，刷新率为 72Hz。

2. SONY

索尼（SONY）是日本一家全球知名的大型综合性跨国企业集团，是世界最大的电子产品制造商之一、世界电子游戏业三大巨头之一、美国好莱坞六大电影公司之一。2014 年 3 月，在 Game Developers Conference（游戏开发者大会）上，SONY 正式发布了为 PS4 使用的虚拟现实头戴式显示器：Project Morpheus，如图 4-45 所示。这款据说已经研发三年的虚拟现实头戴式显示器，不仅有酷炫的外形，而且能够让游戏画面随着玩家头部转动，让玩家的头部化身成随看随瞄的瞄准器。体验者描述："Project Morpheus 戴在头上的感觉有点像滑雪面具和自行车头盔的混合，额头会被大块的软垫覆盖，然后通过头带收紧。想把它戴上头并不轻松，但戴好之后的感觉还是很舒适的。"

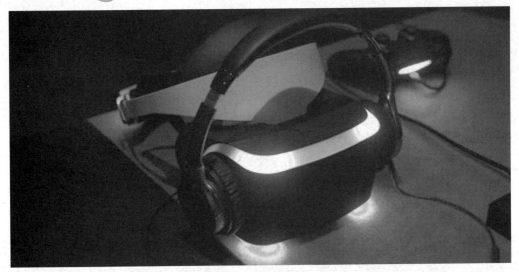

图 4-45　Project Morpheus

　　这部虚拟现实头戴式显示器拥有两块 1080p 显示器，体验者戴上头之后，两块屏幕的画面便会融为一体，视野范围很好，用户可以将耳机连接到设备上。索尼使用了 PlayStation Eye 摄像头来监控佩戴者的动作，而对于游戏的操控可以通过移动头部或使用索尼的游戏手柄。设计上，Profect Morpheus 显然非常抓人眼球，机身上发出的大量的光使其看上去未来感十足，Profect Morpheus 演示效果如图 4-46 所示。

图 4-46　Project Morpheus 演示效果

　　Project Morpheus 不仅可透过内置的多种感应器判断玩家的头部位置，如果搭配 PlayStation Camera 使用，还能够让 PS Move 体感控制器变身成游戏中的刀剑、枪械等武器，让玩家更直观地体验第一人称游戏的真实感，PlayStation Camera 外观如图 4-47 所示。

图 4-47　PlayStation Camera 外观

2015 年，在东京游戏展上，索尼将自家虚拟现实头戴式显示器 Project Morpheus 正式命名为 PlayStation VR。

2016 年 3 月 16 日，索尼在美国旧金山召开了 PlayStation VR 发布会。在发布会上，索尼公布了 PlayStation VR 的售价：399 美元（约合人民币 2600 元），PlayStation VR 成为索尼的第一款虚拟现实产品，该公司为这款设备开发了 50 多款游戏。

2016 年 11 月，PlayStation VR 荣登 2016 中国泛娱乐指数盛典"中国 VR 产品关注度榜 top10"。

2016 年 12 月，索尼 PlayStation VR 智能穿戴设备荣获年度卓越产品大奖。

在 2019 年 5 月举行的 Collision 2019 大会中，索尼研发部高级副总裁 Dominic Mallinson 进行了一场名为 *The future is bright for virtual reality*（虚拟现实的未来一片光明）的演讲，向与会者分享了自己对于 VR 的看法，以及索尼未来对 VR/AR 的计划。

Mallinson 指出，截至 2019 年 3 月，索尼已售出 420 万台 PlayStation VR。对此，Mallinson 表示："我们对这些数字及这个位置都非常满意。但我们知道我们可以做得更好，目前市场上有超过 9600 万台 PlayStation 4。我们想把更多的人转变成 PlayStation VR 用户。"

3. HTC

宏达国际电子股份有限公司（High Tech Computer Corporation）成立于 1997 年 5 月 15 日，简称宏达电子，亦称 HTC，是一家位于台湾的手机与平板电脑制造商，是全球最大的 Windows Mobile 智能手机生产厂商，也是全球最大的智能手机代工和生产厂商。HTC 也正在虚拟现实领域进行开拓发展，并在 2015 年 3 月的世界移动通信大会（Mobile World Congress，MWC）上发布了与 Valve 联合开发的虚拟现实头盔产品——HTC Vive。由于有 Valve 的 Steam VR 提供的技术支持，因此用户在 Steam 平台上已经可以体验利用 Vive 功能的虚拟现实游戏。

2016 年 6 月，HTC 推出了面向企业用户的 Vive 虚拟现实头盔套装——Vive BE（商业版），其中包括专门的客户支持服务。

HTC Vive 通过三个部分致力于为使用者提供沉浸式体验：一个头戴式显示器、两个单手持控制器、一套能于空间内同时追踪显示器与控制器的定位系统（Lighthouse）。

开发者版的 HTC Vive 头显采用 OLED 屏幕，单只目镜有效分辨率为 1200px×1080px，双目镜合并分辨率为 2160px×1200px。高分辨率大大降低了画面的颗粒感，用户几乎感觉不到纱门效应。并且用户能够在佩戴眼镜的同时戴上头显，即使没有佩戴眼镜，400 度左右近视的用户依然能清楚地看到画面的细节。画面刷新率为 90Hz，实际体验几乎零延迟，大大减少了恶心和眩晕的体验感。

定位系统 Lighthouse 采用的是 Valve 的专利，它不需要借助摄像头，而是靠激光和光敏传感器来确定运动物体的位置的，也就是说，HTC Vive 允许用户在一定范围内走动。这是它与另外两大头显 Oculus Rift 和 PlayStation VR 的最大区别。

左手手柄用于虚拟一个立方体菜单，左右滑动手柄上的触摸板转动立方体，可选择不同的工具、笔触和作画空间。右手手柄用于选择功能和作画，整个虚拟空间都是画板。

HTC Vive 从最初给游戏者带来沉浸式体验，延伸到可以在更多领域施展想象力和应用开发潜力。典型的应用是可以通过虚拟现实搭建场景，实现在医疗和教学领域的应用。例如，帮助医学院和医院进行人体器官解剖，让学生佩戴 VR 头显进入虚拟手术室观察人体各个器官、神经元、心脏、大脑等，并进行相关临床试验。

HTC Vive 消费者版的售价为 799 美元，约合人民币 5200 元，HTC 在 HTC Vive 消费者版本中集成了众多智能手机的功能，自带耳机，可以实现接听电话、查看短信、查看日历提醒或控制音乐播放等，这样用户无须取下虚拟现实头盔即可处理来电和信息等内容。

HTC Vive 消费者版套装包括头戴式显示器主机、两个无线控制器、一对 Vive 工作基站、一个 Vive 连接盒及一对 Vive 耳塞，如图 4-48 所示。整套设备通过线缆连接到 PC，在头盔主体上带有标准的耳机插孔，允许用户更换自己喜欢的耳机。

图 4-48　HTC Vive 配件

2016 年 11 月，HTC Vive 头戴式设备荣登 2016 中国泛娱乐指数盛典 "中国 VR 产品关注度榜 top10"。

在 2018 年 1 月举行的国际消费类电子产品展览会（International Consumer Electronics Show，简称 CES）上，HTC 发布了 HTC Vive Pro 专业版头显，如图 4-49 所示。2018 年 3

月 19 日晚，HTC 公布了 HTC Vive Pro 专业版头显的价格，海外售价为 799 美元，已经接受预定，于 2018 年 4 月 5 日发货。

HTC Vive Pro 专业版头显精心优化的人体工程学设计让佩戴感受更加平衡舒适，简便的调节设计让戴眼镜的用户也能自在沉浸；双 3.5 英寸 AMOLED 显示器支持的双目镜分辨率达到 2880px×1600px，较 HTC Vive 消费者版头显提升了 78%，为用户带来更清晰锐利的视觉享受；内置放大器的高性能耳机支持主动降噪功能，可营造出更强烈的临场感及更丰富的声音体验。这些功能的显著提升让 HTC Vive Pro 专业版头显能够在提升工作效率的同时确保用户长期使用的舒适感。不仅如此，即使没有特别优化过的现有 Vive 内容也会在 HTC Vive Pro 专业版头显上获得明显的体验升级。HTC Vive Pro 专业版头显同时升级了无线套件，采用牛角状设计，应用英特尔 WiGig 技术（60GHz），短距离传输速率极高，画面流畅。

HTC Vive Pro 专业版头显推荐的显卡是 GTX 1060/AM RX 480 或更高配置的显卡，虽然相较于 Oculus Rift、三星 Odyssey 等价格不菲，但在当时来看，体验效果非常好。

图 4-49　HTC Vive Pro 专业版头显

4．雷蛇（Razer）

1998 年，雷蛇由 Min-Liang Tan（陈民亮）和 Robert Krakoff（罗伯特·克拉考夫）在美国加州圣地亚哥的一间小型共享办公室中与其他几位玩家共同创立。如今，雷蛇已成长为一家在全球拥有数百名员工的游戏设备品牌之一，并在旧金山、汉堡、首尔和上海等 7 个城市设有办公场所。

1977 年，陈民亮出生于新加坡一个中产家庭，毕业于新加坡国立大学法学专业，毕业后成为一名职业律师，主要负责互联网与知识产权官司。

根据陈民亮自己的讲述，他从小就很喜欢游戏，因家境宽裕，接触游戏机与计算机的时间非常早。但是他的父母非常反对，家人并不知道，陈民亮虽然是一名律师，但是还有另一个身份——电竞玩家，并且在电竞圈已经积累了一些小名气，同时他结识了对后来雷蛇发展至关重要的罗伯特·克拉考夫。

1998 年，21 岁的陈民亮攻读硕士学位，毕业后进入国家高等法院工作，而年过 60 岁的罗伯特·克拉考夫刚刚从美国动视公司离职。罗伯特·克拉考夫在高传感器 DPI 方面非常有天分，他一直想把这项技术应用在汽车领域，但很不乐观。直到他在《雷神之锤》的游戏中，认识了远在新加坡的陈民亮。

陈民亮觉得高 DPI 应该用在鼠标上，因为电竞选手用的都是普通的鼠标，罗技的产品完全满足不了他们想要的速度。如果能够打造一款高性能鼠标，将会有效提高电竞游戏的竞争力。所以这两位忘年交一拍即合，陈民亮在假期前往美国加州圣地亚哥，同罗伯特·克拉考夫一起成立了雷蛇，研发了旗下第一款鼠标：Boomslang（树蛇），如图 4-50 所示。

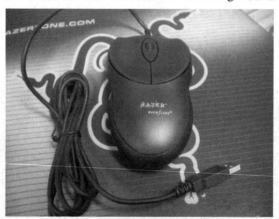

图 4-50　雷蛇第一款鼠标 Boomslang（树蛇）

之所以把公司叫作 Razer，并且每一款鼠标都以最凶猛的蛇来命名，是因为要打败那些做"鼠"标的公司。雷蛇公司的 Logo 如图 4-51 所示。

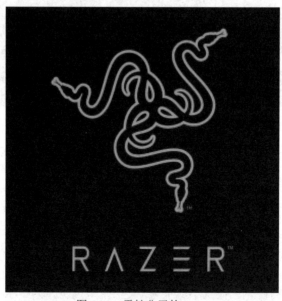

图 4-51　雷蛇公司的 Logo

当时不少应用这款鼠标的《雷神之锤》玩家都被官方警告过，官方认为其使用非法外挂程序。实际上雷蛇的鼠标并没有更改任何游戏程序，只是传感器传输速度非常快。这让北美玩家开始注意到这个不起眼的小品牌。

雷蛇的第一款鼠标虽然很成功，但受众群体局限于电竞行业，加之 2000 年互联网泡沫席卷美国，2005 年，罗伯特·克拉考夫已经没有资金维持雷蛇的产品研发，就在公司要清算破产的时候，陈民亮决定辞去新加坡国家高等法院辩护律师的工作，拿着工作积攒的薪金远赴美国正式接管雷蛇。

毫无疑问，雷蛇最出色的产品是鼠标，即使今天，雷蛇鼠标的设计与光影效果也是全球鼠标品牌效仿的地方。然而陈民亮深刻意识到，如果雷蛇只做鼠标，就会像罗技一样，不断缩水。

年净收入 3.1 亿美元的雷蛇，让陈民亮登上了亚洲富豪榜，那时他刚刚 30 岁。2007 年，雷蛇品牌已经成为世界顶尖外设厂商的领头羊，陈民亮没有沾沾自喜，而是带着雷蛇核心成员前往印度尼西亚的一座小岛与他们畅谈。他指定了三个方针让大家投票选择：第一，继续做外设，做比罗技更大的公司，成为全球 NO.1；第二，转型成为像维珍航空那样的企业，让产品扩展到普通家庭；第三，成为和苹果一样的公司。很显然第三个是最难的，然而最终雷蛇向着苹果公司进发。

那次会议后，在外界看来雷蛇还是雷蛇，但在雷蛇内部，所有人都清楚他们的对标对象是乔布斯的苹果公司。雷蛇开始涉足音乐领域，以鲨鱼命名旗下耳机，并且推出语音平台"Razer Comms"，如今全球活跃用户已经超过 1000 万个。

2009 年，陈民亮挖来苹果 MacBook 团队的研发核心成员，开始打造雷蛇的"灵刃"系列游戏本。2013 年"灵刃"被推出之后，拿遍了全球工业设计奖项，并且成为性能最强、厚度最薄、散热最好的游戏本。雷蛇破天荒地得到英特尔的投资，这是英特尔第一次向自己的客户投资。

雷蛇坚信真正好的产品需要基于科技、全面的人性化设计及人体工程学研究，并经过顶尖专业玩家的测试。简单来说，雷蛇的世界级科研人员和工程师独立，或与合作伙伴共同研发尖端技术，围绕这些核心技术设计出非凡的产品，并在产品正式发布前与职业玩家一起对其进行最严苛的测试。

在 20 世纪 90 年代中叶，随着网络游戏和竞技型第一人称射击游戏（FPS）的兴起，游戏玩家发现传统外围设备在游戏中应用时性能不足。雷蛇正是抓住这一机遇，不断巩固自己在技术、设计和人体工程学方面的优势，最终成为专业竞技设备的代名词。雷蛇连续6 年斩获"Best of CES"大奖。雷蛇的设计与技术包括一系列用户界面与系统设备、玩家IP 语音通信，以及基于云技术的游戏设备自定义与优化平台。

在 2015 年的 CES 大会上，雷蛇联合 Sensics 发布了开源虚拟现实系统 OSVR（Open-Source Virtual Reality），希望借此加速虚拟现实市场的发展。Sensics 比较鲜为人知，它是一家专业的虚拟现实技术厂商，成立于 1999 年，是行业翘楚。OSVR 秉承平台化的思维，所以很多软件、硬件会放开，供开发者自定义，包括虚幻引擎 4 与 Unity3D 等游戏引擎，允许第三方通过 Windows、Android 和 Linux 等操作系统设计、构建软件，以及安装自己的屏幕、镜头、眼球追踪、摄像头等组件，个人和公司都可以参与进来。

OSVR 将游戏开发者、玩家和硬件制造商联系在一起，共同面对挑战，从而把虚拟现实游戏推向大众市场。

OSVR 开发工具包将拥有自己的开发软件，可以对设备的 3D、虚幻引擎、手势控制进行相应的调用，它不仅与 Oculus 公司 DK2 级开发套件和软件兼容，而且完全适用于 Linux 和 Android 系统。

OSVR 虚拟现实耳机外观像一个魔环，眼睛周围有类似于滑雪护目镜的泡沫和弹性头带单元。头显里面是可以热插拔的，其拥有分辨率为 1920px×1080px 的 5.5 英寸显示器和包括一个加速度计、陀螺仪和指南针的头部跟踪技术设备，如图 4-52 所示。

雷蛇计划在其网站上提供 OSVR 套件的设计模板和相关细节，方便爱好者们采用 3D 打印技术打印其模型。用户可通过 5 个螺丝将设备拆开，更换具有更高分辨率的显示器或镜头。

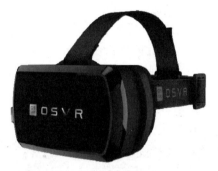

图 4-52　OSVR 虚拟现实耳机

雷蛇 OSVR 的最大卖点在于开源，意味着开发者可以自行定制硬件及软件，包括屏幕、镜头、眼球追踪、相机等。雷蛇的愿景在于通过这种形式普及虚拟现实，这是一个崇高的目标，与其他厂商专注昂贵的硬件和丰厚利润并不相同。

5. 暴风科技

北京暴风科技股份有限公司（下文简称暴风科技）于 2015 年 3 月 24 日上市，主营业务是互联网视频相关服务。公司主要产品有暴风影音播放器、暴风超体电视、手机暴风、暴风魔镜、暴风魔眼、暴风看电影及相关增值产品。

在公司上市前，暴风科技已经开始布局虚拟现实，其载体便是暴风魔镜，对应资源是暴风影音播放器上的部分 3D 视频资源。2014 年 9 月 1 日，暴风科技发布暴风魔镜第一代，如图 4-53 所示。同年 12 月 14 日，暴风魔镜第二代发布。2015 年 6 月 5 日，三代产品首发价均为 99 元。正是由于暴风魔镜的发布，暴风科技在 2014 年的营收表中多出了 515.3 万元的商品销售收入。

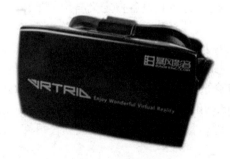

图 4-53　暴风魔镜第一代

暴风科技在 A 股市场的神奇表现带动了国内虚拟现实产业的发展，虚拟现实领域成为互联网创业的新风口。暴风科技更是在财报中将自身定位于中国 VR 行业的开拓者和领先者，以暴风魔镜为核心，致力于构建"硬件+内容+渠道"的移动 VR 产业生态。

2016 年 5 月 4 日，暴风 TV 召开了以"VR＋TV"为主题的新品发布会，推出了旗下新品：VR 电视 X 战警版，如图 4-54 所示。

图 4-54　暴风科技 VR 电视首发现场

VR 给影视行业带来的冲击已经逐步凸显，众多电视品牌也纷纷进军 VR 行业。暴风科技在 VR 行业的全产业链格局也初步形成：VR 计算平台、VR 内容、VR 头显、VR 摄像及 VR 电视。

根据现场的演示，一方面暴风 TV 将开设 VR 频道，并支持用户通过风迷 App 或 VR 遥控器，实现 VR 视频的 720°全景方位切换；另一方面，TV 和 VR 头显可以互联互通，也就是说如果用户使用暴风魔镜观看 VR 内容，可以同步到暴风 TV 上。

暴风科技官方也坦然承认，目前 VR 电视还处于初级阶段，暴风科技 CEO 冯鑫也强调，这是 0 到 1 的跨越。暴风科技在"VR+TV"的提前布局在当下竞争激烈的互联网电视领域，加入一些新鲜的概念，能够激起用户购买的欲望。

2016 年 12 月，中国虚拟现实领先厂商暴风魔镜在北京召开主题为"VR Evolving"的盛大发布会，宣布推出最新一体机——暴风魔镜"3K 屏概念机" Matrix（见图 4-55）及 VR 眼镜 S1 两大产品，分别在清晰度、头显重量、眩晕等三大阻碍 VR 普及的难题上取得突破，有力推进了虚拟现实产业进化的脚步。

图 4-55 暴风魔镜 "3K 屏概念机" Matrix

暴风魔镜 "3K 屏概念机" Matrix 以超高清 3K 显示器、230g 超轻质量、高精度 9 轴手柄、分体式设计，可能引领新的潮流。分体式设计可能成为 "三态合一" 的重要形式。暴风魔镜 "3K 屏概念机" Matrix 的售价为 2499 元。

暴风魔镜 "3K 屏概念机" Matrix 画面清晰度很高，基本看不到颗粒。整体佩戴很舒适，没有压迫感，这与它轻便的机身密不可分。主机上有三个接口，分别为 USB 接口、HDMI 接口和一个 HMD 头戴接口。HDMI 接口是输出接口，用户可以将其接在电视上和家人分享 VR 内容。

VR 手柄的手感较好，在手柄上设置一个触摸板、一个返回键、一个主页键和一对音量控制键。按键延迟和漂移控制效果良好。

暴风魔镜 "3K 屏概念机" Matrix 在工艺方面更加精细，在产品理念方面也更加超前，让用户佩戴的时间更长，这无疑将大幅推动 VR 的发展。这场发布会无疑给投资者、VR 从业者和 VR 玩家一颗定心丸。

6. 谷歌

谷歌公司（Google Inc.）简称谷歌，成立于 1998 年 9 月 4 日，由拉里·佩奇（Larry Page）和谢尔盖·布林（Sergey Brin）共同创建，是一家位于美国的跨国科技企业，业务包括互联网搜索、云计算、广告技术等，同时开发并提供大量基于互联网的产品与服务，其主要利润来自 AdWords 等广告服务，谷歌被公认为全球最大的搜索引擎公司。

1999 年下半年，谷歌网站 "Google" 正式启用。2015 年 8 月 10 日，谷歌宣布对企业架构进行调整，并创办了一家名为 "Alphabet" 的 "伞形公司"（Umbrella Company）。2015 年，谷歌在 2015 年度 "世界品牌 500 强" 排行榜中重返榜首，苹果和亚马逊分别位居第二和第三。2016 年 6 月 8 日，"2016 年 BrandZ 全球最具价值品牌百强榜" 公布，谷歌以 2291.98 亿美元的品牌价值重新超越苹果成为百强第一。2017 年 2 月，Brand Finance 发布 "2017 年度全球 500 强品牌榜单"，谷歌排名第一。2017 年 6 月，"2017 年 BrandZ 全球最具价值品牌 100 强" 公布，谷歌名列第一位。2018 年 5 月，"2018 年 BrandZ 全球最具价值品牌 100 强" 发布，谷歌名列第一位。

2017 年 12 月 13 日，谷歌正式宣布谷歌 AI 中国中心（Google AI China Center）在北京成立。2018 年 1 月，腾讯和谷歌宣布双方签署一份覆盖多项产品和技术的专利交叉授权许可协议。

早在 2012 年，谷歌便推出了其首款 AR 智能眼镜 Google Glass。在那一年的谷歌开发者大会上，谷歌以一场声势浩大的跳伞行动推出其着眼于未来的智能产品——AR 谷歌智能眼镜 Google Glass，如图 4-56 所示。谷歌称，这是一款充满未来感的增强现实头戴式智能设备，在未来的某一天可能替代我们手中的智能手机。在这场跳伞演示中，谷歌展示了该设备的拍照、视频聊天、步行和驾驶导航、收发即时消息和电子邮件等诸多功能。谷歌宣布将在 2013 年向少量开发者提供这款智能眼镜的原型设备，其售价为 1500 美元。

图 4-56　谷歌以跳伞行动演示 Google Glass

　　但遗憾的是，两年后，谷歌搁浅了对 Google Glass 的研发，关停了所有推广 Google Glass 的社交媒体账号，并加入三星之列发售 Google Cardboard，正式标志其进入 VR 领域。

　　在 2014 年的 Google I/O 大会上，谷歌展出了手机 VR 产品——Google Cardboard，如图 4-57 所示。可以说，谷歌 VR 的兴起便始于此。2014 年至 2016 年是谷歌 VR 的辉煌时期，设备成本不足十元，任何人都可以根据谷歌公开的图纸用透镜、磁铁等材料自己制作，放入适配手机即可实现初级 VR 体验，至 2016 年初谷歌就实现了 500 万台的销量。

图 4-57　Google Cardboard

　　2016 年，谷歌又发布了 Daydream VR 平台，并上市了 Daydream View VR。

　　2017 年，谷歌推出了苹果 ARKit 的竞争对手——ARCore，ARCore 是 Google 的增强现实体验构建平台，是一个开发人员框架，也是一套开发人员工具和服务，可以支持应用程序和游戏开发人员编写软件，使其应用和游戏能够轻松使用谷歌内部开发的 AR 技术，创造出巨大的增强现实体验。ARCore 利用不同的 API 让手机能够感知其环境、理解现实世界并与信息进行交互。

ARCore 使用三个主要功能将虚拟内容与通过手机摄像头看到的现实世界进行整合：运动跟踪功能让手机可以理解和跟踪它相对于现实世界的位置；环境理解功能让手机可以检测各类表面（如地面、咖啡桌或墙壁等水平、垂直和倾斜表面）的大小和位置；光估测功能让手机可以估测环境当前的光照条件。

ARCore 可以在运行 Android 7.0 及更高版本系统的多种符合资格的 Android 手机上使用。从本质上讲，ARCore 在做两件事：在移动设备移动时跟踪它的位置和构建自己对现实世界的理解。ARCore 的运动跟踪技术使用手机摄像头标识兴趣点（也被称为特征点），并跟踪这些点随着时间变化的移动。将这些点的移动与手机惯性传感器的读数组合，ARCore 可以在手机移动时确定它的位置和屏幕方向。除了标识关键点，ARCore 还会检测平坦的表面（如桌子或地面），并估测周围区域的平均光照强度。这些功能使 ARCore 可以构建自己对周围世界的理解。

7．三星

三星集团（下文简称三星）是韩国最大的跨国企业集团，同时是上市企业全球 500 强之一，三星包括众多的国际下属企业，如三星电子、三星物产、三星人寿保险等，业务涉及电子、金融、机械、化学等众多领域。

三星成立于 1938 年，由李秉喆创办。三星是家族企业，李氏家族世袭，旗下各个三星产业均为家族产业，并由家族中的其他成员管理，集团领导人已传至李氏第三代，李健熙为现任集团会长，其子李在镕任三星电子副会长。

2014 年 2 月，在西班牙巴塞罗那举行的 2014 年世界移动通信大会上，三星推出三款 Gear 系列智能手表：Gear2、Gear2Neo 和 GearFit。

2014 年 12 月，第一代三星 Gear VR 诞生，如图 4-58 所示。这款设备一方面面向开发人员，旨在帮助他们掌握内容开发的方法；另一方面为消费者版本的 Gear VR 开发做准备。这是一款移动端 VR 眼镜，需要配合手机端的主板和显卡才能使用，其适配机型是当时刚推出的 Galaxy Note 4。该设备由三星与 Oculus 共同开发，因此这款 VR 设备能够兼容 Oculus 的软件体系。

图 4-58　第一代三星 Gear VR

2015 年 3 月，三星发布了创新者系列的第二个 VR 产品——SM-R321，如图 4-59 所示。这款产品依然是开发人员版本，仅支持 Galaxy S6 和 Galaxy S6 Edge。该设备在第一代的基础上进行了硬件升级，添加了一个微型 USB 端口，为对接设备提供额外的电源，在头盔中加入了一只小风扇，防止镜头起雾。

图 4-59　三星 SM-R321

　　2015 年 11 月 10 日，三星正式发布了第一款消费版 Gear VR——SM-R322，如图 4-60
所示。这是一款平价级的移动端 VR 头盔，售价为 35 美元，质量为 318g，和 Oculus Rift
质量相仿，比创新者版本 2.0 轻 19%，FOV 达 96°，可以支持更多旗舰机机型，包括 S6、
S6 Edge、S6 Edge+、Note 5、S7 和 S7 Edge。硬件方面，这款 VR 产品设计了更符合人体
工程学的触摸板，便于导航。为了推广这项产品，三星商店上线了大量 VR 游戏和 VR 电
影，友军 Oculus 也提供了重量级助攻，分享了 Oculus Arcade、Oculus Video、Oculus 360
Photos、Oculus Social 等内容平台的接口。作为三星首款消费版 Gear VR，它一登场便创下
不俗的成绩，据三星全球创新中心发言人 David Eun 在 Collision 大会上称，这款产品在消
费者版本 2.0 出现之前销量已经超过 100 万台，这个数字遥遥领先于其他知名 VR 品牌。

图 4-60　三星 SM-R322

　　2016 年 8 月，三星发布了第二款消费级 Gear VR——SM-R323，如图 4-61 所示，售价
为 50 美元，质量为 580g。同时发布的还有三星 Galaxy Note 7。这款新的 Gear VR 大幅度
改变了机身外观，FOV 增至 101°，缓冲性能有所提升，触摸板更平滑。为了连接 Galaxy
Note7，该型号使用 USB-C 端口取代了原来的 USB Micro-B 端口，与此同时，为用户提供
可以连接 USB Micro-B 端口的适配器，故而它也可以支持非 Galaxy Note7 的旧设备。2016
年 11 月，Galaxy Note 7 出现质量问题被大量召回，厂商出于安全的考虑改造这款设备，使
之与 Galaxy Note7 不兼容。

图 4-61　三星 SM-R323

2017 年 4 月 21 日，三星在纽约举行的 Unpacked 大会中推出了旗舰机 Galaxy S8 和第五代 Gear VR——SM-R324，如图 4-62 所示。SM-R324 的售价为 100 美元，质量为 345g。

这款 Gear VR 的适配机型包括 Galaxy S8、S8+、S7、S7 Edge、Note5、S6 Edge+、S6、S6 Edge。与第四代不同的是，这款 Gear VR 首次配置了官方控制器，这款控制器造型与 HTC Vive 手柄类似，顶部为圆形下凹的触控板，能够识别用户的各种手势，手柄上还包括 Home 键、返回键和音量键，能够为用户提供更丰富的交互方式。

图 4-62　三星 SM-R324

三星在推出 Galaxy Note 8 的同时推出了第六代 Gear VR——SM-R325，如图 4-63 所示。这款迭代新品是为了适配 Galaxy Note 8 的大屏幕而推出的，其尺寸有所加大，并且配有一个全新的控制器。

图 4-63　三星 SM-R325

4.2　虚拟现实应用技术的分类

虚拟现实涉及学科众多，应用领域广泛，系统种类繁杂，这是由其研究对象、研究目标和应用需求决定的。从不同角度出发，可对虚拟现实系统做出不同分类。最常见的分类方式是将虚拟现实分为桌面式虚拟现实、沉浸式虚拟现实、增强式虚拟现实、混合式虚拟现实和分布式虚拟现实。

4.2.1 桌面式虚拟现实

桌面式虚拟现实系统简称 PCVR 系统，是一套基于普通 PC 平台的小型虚拟现实系统，利用中低端图形工作站及立体显示器，产生虚拟场景，参与者使用位置跟踪器、数据手套、力反馈器、三维鼠标或其他手控输入设备，实现虚拟现实技术的重要技术特征。

如果需要，桌面式虚拟现实系统还会借助专业单通道立体投影显示系统，达到增大屏幕范围和团体观看的目的。PCVR 系统要求参与者使用输入设备，通过计算机屏幕观察 360°范围内的虚拟境界，并操纵其中的物体。但是在这种环境下参与者仍然会受到周围现实环境的干扰，因此参与者缺少完全沉浸的获得感。

桌面式虚拟现实系统成本相对较低，应用比较广泛。对开发者来说，从经费使用谨慎性的角度考虑，桌面式虚拟现实往往被认为是初级的、刚刚从事虚拟现实研究工作的必经阶段。因此，桌面虚拟现实系统比较适合刚刚介入虚拟现实研究的单位和个人，可以被应用到各行各业的企业推广和宣传上，可以发挥意想不到的作用。

zSpace 系统是整合现实世界工作环境的桌面式虚拟现实系统，由加州 Infinite Z 公司开发，可以跟踪用户头部和手的动作，实时调整用户看到的 3D 图像，实现现实与虚拟世界的自由穿越，模糊了虚拟与现实世界的边界。其技术核心是高保真的立体显示系统和低延迟的跟踪系统。

zSpace 系统可以提供自然的人机交互方式，六自由度的触笔给 zSpace 体验提供了充分的保障，如图 4-64 所示。

图 4-64　zSpace 六自由度的触笔体验

在应用 zSpace 系统时，用户需要佩戴一副特殊的眼镜，才能看到显示器中的 3D 图像。这副眼镜除了为每只眼睛显示不同的图像以实现 3D 效果，还用来反射红外线，以便让显示器内的摄像头能够跟踪用户的头部运动，包括眼球运动。

Infinite Z 公司还为 zSpace 系统配备了一支专用笔，笔内设置传感器，允许用户在 3D 空间内跟踪其运动，用户可以使用这支笔"抓住"虚拟图像的某个部分，然后在 3D 空间内运动。因此，通过 zSpace 与在电影院或者通过 3D 电视看到的 3D 视频不同，用户可以用手绕着物体做运动，zSpace 会根据用户的动作显示正确的观看角度。

Infinite Z 公司将这项技术称为"虚拟全息 3D"技术，这项技术允许用户操控一些虚拟物体，好像物体真正存在。对于设计师、建筑师或动作制作人员来说，这是一项十分实用的技术。

4.2.2 沉浸式虚拟现实

沉浸式虚拟现实（Immersive VR）系统是一种高级的、较理想、较复杂的虚拟现实系统。它采用封闭的场景和音响系统将用户的视觉、听觉和外界隔离，使用户完全置身于计算机生成的环境中，用户利用空间位置跟踪器、数据手套和三维鼠标等输入设备输入相关数据和命令，计算机根据获取的数据测得用户的运动和姿态，并将其反馈到生成的视景中，使用户产生一种身临其境、完全投入和沉浸于其中的感觉。

换句话说，沉浸式虚拟现实系统就是用头戴式显示器或其他设备，把参与者的视觉、听觉和其他感觉封闭起来，并提供一个新的、虚拟的感觉空间，利用位置跟踪器、数据手套或其他手控输入设备、声音处理设备等使参与者产生一种身临其境、全心投入和沉浸于其中的感觉。

虚拟现实影院（VR Theater）就是一个完全沉浸式的投影式虚拟现实系统，用几米高的六个平面组成的立方体屏幕环绕在观众周围，设置在立方体外围的六个投影设备共同投射在立方体的投射式平面上，观众置身于立方体中可同时观看由五个或六个平面组成的图像，完全沉浸在由图像组成的空间中。

沉浸式虚拟现实系统的特点有以下几点。

（1）沉浸式虚拟现实系统具有高度的实时性。当用户转动头部时，空间位置跟踪设备及时检测这一动作并输入计算机，由计算机计算，快速地输出相应的场景。为使场景快速平滑地连续显示，系统必须具有足够小的延迟，包括传感器的延迟、计算机计算延迟等。

（2）沉浸式虚拟现实系统具有高度的沉浸感。沉浸式虚拟现实系统必须与真实世界完全隔离，不受外界的干扰，依据相应的输入和输出设备，完全沉浸在环境中。

（3）沉浸式虚拟现实系统具有先进的软硬件。为了提供"真实"的体验，尽量减少系统的延迟，必须尽可能利用先进的硬件和软件。

（4）沉浸式虚拟现实系统具有并行处理的功能。这是虚拟现实的基本特性，用户的每一个动作都涉及多个设备总和应用。例如，手指指向一个方向并说："去那里"，会同时激活三个设备：头部跟踪器、数据手套及语音识别器，产生三个同步事件。

（5）沉浸式虚拟现实系统具有良好的系统整合性。在虚拟环境中硬件设备相互兼容，并与软件系统很好地结合，相互作用，构造一个更加灵活的虚拟现实系统。

常见的沉浸式虚拟现实系统有头盔式虚拟现实系统、洞穴式虚拟现实系统、座舱式虚拟现实系统、投影式虚拟现实系统和远程存在系统等。

头盔式虚拟现实系统采用头盔显示器实现单用户的立体视觉、听觉的输出，使人完全沉浸在其中。沉浸式虚拟现实培训如图 4-65 所示。

图 4-65　沉浸式虚拟现实培训

　　洞穴式虚拟现实系统是一种基于多通道视景同步技术和立体显示技术的房间式投影可视协同环境，可提供一个房间大小的四面（或六面）立方体投影显示空间，供多人参与，所有参与者完全沉浸在一个被立体投影画面包围的高级虚拟仿真环境中，借助相应的虚拟现实交互设备（如数据手套、力反馈装置、位置跟踪器等），从而获得一种身临其境的高分辨率三维立体视听影像和六个自由度的交互感受，如图 4-66 所示。

图 4-66　洞穴式虚拟现实系统

　　座舱式虚拟现实系统是一种最为古老的虚拟现实模拟器。用户进入座舱后，不用佩戴任何显示设备，就可以通过座舱的窗口观看一个虚拟世界，该窗口由一个或者多个计算机显示器或者视频监视器组成，用来显示虚拟场景。图 4-67 所示为模拟飞行的座舱式虚拟现实系统。这种座舱给参与者提供的投入程度类似于头盔显示器。

图 4-67　模拟飞行的座舱式虚拟现实系统

投影式虚拟现实系统通过一个或多个大屏幕投影来实现大画面的立体视觉和听觉效果，使多个用户同时具有完全投入的感觉，如图 4-68 所示。

图 4-68　投影式虚拟现实系统

远程存在系统是一种远程控制形式，用户虽然与某个真实现场相隔很远，但可以通过计算机和电子装置获得足够的感觉现实和交互反馈，恰似身临其境，并可以对现场进行遥控操作。此系统需要一个立体显示器和两台摄像机生成三维图像，这种图像可以使操作员有一种深度的感觉，使他们看到的虚拟境界更清晰、更真实。远程存在系统在医疗上的应用如图 4-69 所示。

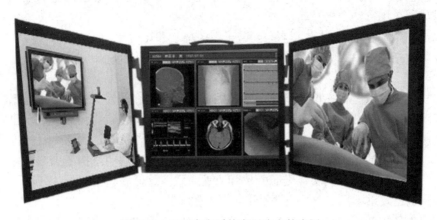

图 4-69　远程存在系统在医疗上的应用

4.2.3　增强式虚拟现实

增强式虚拟现实也被称为增强现实（Augmented Reality，AR），还可被称为扩增现实。它通过计算机技术，将虚拟的信息应用到真实世界，真实的环境和虚拟的物体实时地叠加到同一个画面或空间同时存在。

增强式虚拟现实系统是把真实环境和虚拟环境组合在一起的一种系统，它允许用户看到真实世界的同时，可以看到叠加在真实世界中的虚拟对象。增强式虚拟现实不仅利用虚拟现实技术模拟现实世界、仿真现实世界，而且利用它来增强参与者对真实环境的感受，也就是增强在现实中无法感知或不方便感知的感受。典型的实例是战机飞行员的平视显示器，它可以将仪表读数和武器瞄准数据投射到安装在飞行员面前的穿透式屏幕上，使飞行员不必低头读座舱中仪表的数据，如图 4-70 所示，从而可集中精力盯着敌人的飞机或导航偏差。

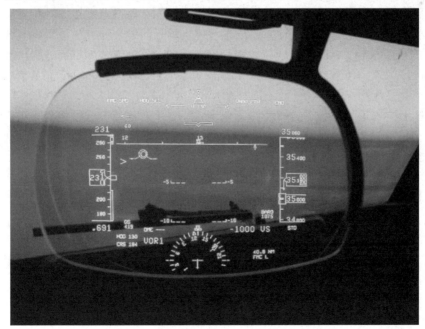

图 4-70　飞行员的平视显示器叠加仪表读数

AR 通过摄像机影像的位置及角度精算并加上图像分析技术,让屏幕上的虚拟世界可以和现实世界场景进行结合与互动。

AR 结合了真实世界和虚拟世界,创造了新的环境和可视化,物理实体和数字对象共存并且可以实时相互作用。VR 是将真实的人放到虚拟世界中,而 AR 则是将虚拟影像放到真实世界中。

虚拟物体的生成是在三维建模技术的基础上实现的,它能够充分体现出虚拟物体的真实感,在对 AR 动感模型研发的过程中,需要全方位和集体化将物体对象展示出来。为了增加 AR 使用者的现实体验,要求 AR 具有很强的真实感,为了达到这个目标,合并时不仅要考虑虚拟事物的定位,还要考虑虚拟事物与真实事物之间的遮挡关系,合并要具备四个条件:几何一致、模型真实、光照一致和色调一致,这四者缺一不可,任何一个条件缺失都会导致 AR 效果不稳定,从而严重影响 AR 的体验。

在虚拟物体生成的过程中,自然交互是其中比较重要的技术内容,利用图像标记实时监控外部输入信息内容,使增强现实信息的操作效率有所提升,并且用户在信息处理的时候,可以有效实现信息内容的加工,提取其中有用的信息内容。

AR 设备的交互方式主要分为以下三种。

(1) 通过现实世界中的点位选取来进行交互是最常见的一种交互方式,如 AR 贺卡和毕业相册就是通过图片位置来进行交互的。

(2) 对空间中的一个或多个事物的特定姿势或者状态加以判断,这些姿势都对应着不同的命令。使用者可以任意改变和使用命令来进行交互,如用不同的手势表示不同的指令。

(3) 使用特制工具进行交互。例如,谷歌地球就是利用类似于鼠标的功能进行一系列的操作,从而满足用户对于 AR 互动的要求。

因此,三维注册(跟踪注册)技术、虚拟现实融合显示、人机交互技术是 AR 的三大技术要点。工作流程是首先通过摄像头和传感器对真实场景进行数据采集,并将数据传入处理器进行分析和重构,再通过 AR 头显或智能移动设备上的摄像头、陀螺仪、传感器等配件实时更新用户在现实环境中的空间位置变化数据,从而得出虚拟场景和真实场景的相对位置,实现坐标系的对齐并进行虚拟场景与现实场景的融合计算,最后将其合成影像呈现给用户。用户可通过 AR 头显或智能移动设备上的交互配件,如话筒、眼动追踪器、红外感应器、摄像头、传感器等设备采集控制信号,并进行相应的人机交互及信息更新,实现增强现实的交互操作。

三维注册技术是 AR 技术的核心,即以现实场景中二维或三维物体为标识物,将虚拟信息与现实场景信息进行对位匹配,即虚拟物体的位置、大小、运动路径等与现实环境必须完美匹配,从而达到虚实相生的效果。

增强现实系统包括四个功能模块:图像采集处理模块、注册跟踪定位模块、虚拟信息渲染模块和虚实融合显示模块。图像采集处理模块采集真实环境的视频,然后对图像进行预处理;注册跟踪定位模块对现实场景中的目标进行跟踪,根据目标的位置变化来实时求取相机的位姿变化,从而为将虚拟物体按照正确的空间透视关系叠加到真实场景中提供保障;虚拟信息渲染模块是在清楚虚拟物体在真实环境中的正确放置位置后,对虚拟信息进行渲染;虚实融合显示模块将渲染后的虚拟信息叠加到真实环境中再进行显示。

随着 AR 技术的成熟,AR 技术越来越多地被应用于各个行业,如教育、培训、医疗、设计、广告等行业。

Augment 成立于 2011 年，该公司主要致力于帮助商业企业实现实时可视化增强现实应用。Augment 正在鼓励生产商使用他们的技术连接在线购物者，允许消费者在家中先行"体验"产品，再下单购买。例如，用户想知道活动躺椅摆在客厅的样子，是否与家装整体环境相称，可以使用 Augment 的应用来帮助判断，如图 4-71 所示。

图 4-71　AR 在零售行业应用

虽然零售商可以使用 Augment 来减少购物的不确定性，但设计师和建筑师同样可以利用这款程序在 AR 中显示 3D 模型，而不需要使用传统的纸和笔。室内设计和建筑领域已经出现了相当多的 AR 应用程序，相信未来还会有更多的应用程序出现在市场中，允许把数字影像叠加在空间中。

成立于 2013 年的新西兰初创公司 QuiverVision 开发的 AR 应用可以为彩色纸张注入生命。这家初创公司为教育工作者拓展了应用的范围，带来了更专注于教育内容的 Quiver Education。学生将会拿到以历史、生物、地理、数学或其他学科为主题的白色纸张。在涂色后，学生可以利用移动设备展示他们画作的 3D 版本，从而激励学生去了解和学习更多关于该学科的知识。

例如，一张动物细胞画作可以变成动画版 3D 模型，而学生可以从不同的角度进行观察，辨认不同的部分，并了解相关的介绍，如图 4-72 所示。如果家长不希望孩子们把目光专注于电视节目或手机游戏上，Quiver Education 或许一个不错的选择。

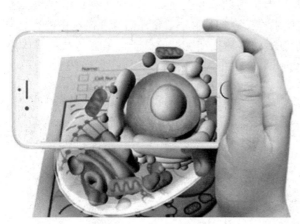

图 4-72　Quiver Education 提供的 AR 教育应用

4.2.4　混合式虚拟现实

混合式现实技术也被称为混合现实（Mixed Reality，MR），是由"智能硬件之父"多伦多大学教授 Steve Mann 提出的介导现实概念，是虚拟现实技术的进一步发展。该技术通过在虚拟环境中引入现实场景信息，在虚拟世界、现实世界和用户之间搭起一个交互反馈的信息回路，以增强用户体验的真实感。简单地说，混合现实是先把真实的场景虚拟化，然后叠加到虚拟世界中。

VR 是纯虚拟数字画面，AR 是在现实场景中叠加虚拟数字画面，MR 是数字化现实叠加虚拟数字画面。

从概念上来说，MR 与 AR 更为接近，都是一半现实一半虚拟影像，但传统 AR 技术运用棱镜光学原理折射现实影像，视角不如 VR 视角大，清晰度也会受到影响。MR 技术结合了 VR 与 AR 的优势，能够更好地将 AR 技术体现出来。根据 Steve Mann 的理论，智能硬件最后都会从 AR 技术逐步向 MR 技术过渡。

MR 促进了复杂的用户体验，增强了真实世界的视觉覆盖、音频和触觉反馈。MR 目前处于早期阶段，以航空航天、空间探索、汽车制造、建筑和设计、医疗保健等领域为中心正在进行试点。该技术使企业能够使用复杂的多通道和多视觉体验来桥接物理真实世界和虚幻世界。更自然的是，该技术与 3D 对象和数字世界进行交互，并提供虚拟和真实环境的更灵活的集成，支持在业务和虚拟现实中更广泛的协作场景，在可视化和定制新车、新房子、新的互动游戏、新的购物或娱乐体验（博物馆或旅游目的地）等方面将潜伏商机。

微软在 2016 年推出了一款全息眼镜 HoloLens，这款眼镜融合 CPU、GPU 和全息处理器，通过图片影像和声音，让用户在家中就能进入全虚世界，以周边环境为载体进行全息体验。用户可以通过 HoloLens 以实际周围环境作为载体，在图像上添加各种虚拟信息。无论是在客厅中玩 Minecraft 游戏、查看火星表面还是进入虚拟的知名景点，都可以通过 HoloLens 成为可能。HoloLens 协助模拟登陆火星场景如图 4-73 所示。

图 4-73　HoloLens 协助模拟登陆火星场景

　　HoloLens 在黑色的镜片上设置有透明显示器，并设有立体音效系统，让用户看到场景的同时听到来自周围全息景象中的声音。另外，HoloLens 内置一整套传感器来实现各种功能。

　　微软在 Windows 10 发布后开始对 HoloLens 进行测试，并在 Windows 10 的时间框架内推出 HoloLens，针对企业和个人消费者等不同用户分别制定不同的价格。

　　有分析师认为：HoloLens 这种增强现实的体验，一旦成功，最终会大大拓展人机交互方式。正如 20 世纪 90 年代人类以鼠标与图形界面为主进行交互，以及 2007 年苹果推出 iPhone 手机，引发触控行业变革那样，HoloLens 有可能成为一项里程碑式的技术。

　　法国雷诺卡车就是一个例子。在与技术合作伙伴 Immersion 的合作下，该公司一直在其位于里昂的工厂使用 HoloLens，以改善其发动机组装业务的质量控制流程，如图 4-74 所示。在一份公司声明中，一名负责该项目的工程师表示，"实际上，质量控制操作员将佩戴微软 HoloLens 智能眼镜，所有数字化的引擎部件都将集成在这款眼镜中"。通过眼镜和混合现实界面，操作者将看到决策指令，这些指令指导他们完成最复杂的控制操作。在操作的方便性方面，这是向前迈出的明确一步。

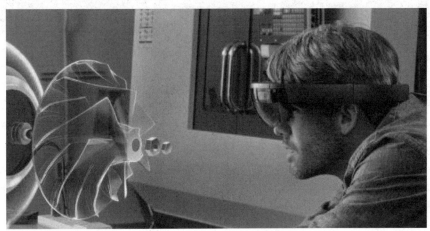

图 4-74　HoloLens 在雷诺应用

同样，德国电梯和自动扶梯制造商蒂森克虏伯（ThyssenKrupp）也在使用 HoloLens，现场技术人员正在使用该设备，如图 4-75 所示，以确保他们拥有所有必要的信息，确切地说，就在他们眼前，以确保他们能够尽可能有效地修理机器。

图 4-75　HoloLens 在 ThyssenKrupp 应用

BAE 系统公司是一家跨国防务、安全和航空航天公司，该公司也一直在使用 HoloLens 技术制造电力推进装置，如图 4-76 所示。使用该设备可以使装配时间缩短 50%，使效率有所提升。

图 4-76　HoloLens 在 BAE 系统公司应用

德勤（Deloitte）预测，"多个行业的 150 多家公司，包括《财富》500 强中的 52 家公司，正在测试或已经部署 AR/VR 解决方案"。这意味着超过 10%的《财富》500 强公司正在寻求新技术来改善业务。Forrester Research 最近的一份报告称，到 2025 年，美国将有近 1440 万个用户佩戴智能眼镜。

混合现实将会给人们的日常生活增添魔力，它会以意想不到的方式将物理和数字结合起来，娱乐的可能性是无穷的。

4.2.5　分布式虚拟现实

分布式虚拟现实（Distributed Virtual Reality，DVR）系统，是虚拟现实系统的一种类型，它是基于网络的虚拟环境。在这个环境中，位于不同物理环境位置的多个用户或多个虚拟环境通过网络相连接，或者多个用户同时进入一个虚拟现实环境，通过计算机与其他用户进行交互，并共享信息。在这个系统中，多个用户可通过网络对同一虚拟世界进行观察和操作，以达到协同工作的目的。

目前最典型的分布式虚拟现实系统是 SIMNET，它是由美国国防部推出的一项标准，是美国国防部高级研究计划局于 1980 年提出的 SIMNET 计划的产物，目的是使各种不同的仿真器可以在巨型网络上互联。SIMNET 由坦克仿真器通过网络连接而成，被用于部队的联合训练。通过 SIMNET，位于德国的仿真器可以和位于美国的仿真器运行在同一个虚拟世界，参与同一场作战演习。

DVR 系统有 4 个基本组成部件：图形显示器、通信和控制设备、处理系统和数据网络。DVR 系统是分布式系统和 VR 系统的有机结合，是基于网络的虚拟环境，在这个环境中，位于不同物理环境位置的多个用户或多个虚拟环境通过网络相联结。

根据分布式系统环境下所运行的共享应用系统的个数，可把 DVR 系统分为集中式结构和复制式结构。

集中式结构是只在中心服务器上运行一份共享应用系统。该系统可以是会议代理或对话管理进程。中心服务器的作用是对多个参加者的输入/输出操纵进行管理，允许多个参加者信息共享。它的特点是结构简单，容易实现，但对网络通信带宽有较高的要求，并且高度依赖于中心服务器。

复制式结构是在每个参加者所在的机器上复制中心服务器，这样每个参加者进程都有一份共享应用系统。服务器接收来自其他工作站的输入信息，并把信息传送到运行在本地机上的应用系统中，由应用系统进行所需的计算并产生必要的输出。它的优点是所需网络带宽较小。另外，由于每个参加者只与应用系统的局部备份进行交互，所以，交互式响应效果好。但它比集中式结构复杂，在维护共享应用系统中的多个备份的信息或状态一致性方面比较困难。

在设计和实现 DVR 系统时，必须考虑以下网络通信因素。

（1）带宽。网络带宽是虚拟世界大小和复杂度的一个决定因素。当参加者数量增加时，带宽需求随之增加。这个问题在局域网中并不突出，但在广义网上，带宽通常限制为 1.5Mbps，而通过 Internet 访问的潜在用户数目却比较大。

（2）分布机制。它直接影响系统的可扩充性。常用的消息发布方法为广播、多播和单播。其中，多播机制允许任意大小的组在网上进行通信，它能为远程会议系统和分布式仿真类的应用系统提供 1—多和多—多的消息发布服务。

（3）延迟。网络延迟影响虚拟环境交互和动态特性。如果要使分布式环境仿真真实世界，则必须实时操作，增加真实感。对于 DVR 系统中的网络延迟可以通过对路由器和交换技术进行改进、快速交换接口和计算机等来缩减。

（4）可靠性。在增加通信带宽和减少通信延迟这两方面进行折中时，还要考虑通信的可靠性问题。可靠性是由具体的应用需求决定的。有些协议有较高的可靠性，但传输速度慢，反之亦然。

由于在DVR系统中需要交换的信息种类很多，单一的通信协议已不能满足要求，这时就需要开发多种协议，以保证在DVR系统中进行有效的信息交换。协议可以包括联结管理协议、导航控制协议、几何协议、动画协议、仿真协议、交互协议和场景管理协议等。在使用过程中，可以根据不同的用户程序类型，组合使用以上多种协议。

虚拟演播室则是分布式虚拟现实技术与人类思维相结合在电视节目制作中的具体体现。虚拟演播系统的主要优点是它能够更有效地表达新闻信息，增强信息的感染力和交互性。传统的演播室对节目制作的限制较多。虚拟演播系统制作的布景是合乎比例的立体设计，当摄像机移动时，虚拟的布景与前景画面都会出现相应的变化，从而增加了节目的真实感。使用虚拟场景在很多方面成本效益显著。例如，它具有及时更换场景的能力，在演播室布景制作中可以节约经费；不必移动和保留景物，因此可减轻对雇员的需求压力；在使用背景和摄像机位置不变的系列节目中它可以节约大量的资金。另外，虚拟演播室具有制作优势。当考虑节目格局时，制作人员的选择余地大，他们不必过于受场景限制。对于同一节目可以不用同一演播室，因为背景可以存入磁盘。创作人员可以充分发挥艺术创造力与想象力，利用现有的多种三维动画软件，创作出高质量的背景，如图4-77所示。

图4-77　虚拟演播室案例

4.3　虚拟现实技术的特征

4.3.1　沉浸性

沉浸性（Immersion）作为虚拟现实技术最主要的特征，就是让用户成为并感受到自己是计算机系统创建的虚拟世界中的一部分，感受到自身在虚拟世界中的主动性，突破了被动的观察者的惯例，沉浸在虚拟世界之中，参与虚拟世界的各种活动。

虚拟现实的沉浸性取决于用户的感知系统,当虚拟世界给予用户多方位的感知刺激时,包括力觉、触觉、味觉、嗅觉甚至运动感知和身体感知等,便会引起用户的思维共鸣,使用户产生心理沉浸,从而感觉如同进入一个真实存在的世界。

通过虚拟现实系统建立的信息空间,已不再是单纯的数字信息空间,而是一个包容多种信息的多维化的信息空间,人类的感性认识和理性认识能力都能在这个多维化的信息空间中得到充分的发挥。用户作为主角存在于虚拟环境中,戴上头盔显示器和数据手套等交互设备,便可将自己置身于虚拟环境中,成为虚拟环境中的一员。使用者与虚拟环境中的各种对象的相互作用,与在现实世界中一样。

要创建一个能让参与者具有身临其境感、具有完善的交互作用能力的虚拟现实系统,在硬件方面,需要高性能的计算机软硬件和各类先进的传感器;在软件方面,需要提供一个能产生虚拟环境的工具集。

4.3.2　交互性

交互性(Interactivity)是指用户对虚拟环境内物体的可操作程度和从环境得到反馈的自然程度。使用者进入虚拟空间,相应的技术让使用者与环境产生相互作用,当使用者进行某种操作时,周围的环境也会做出某种反应。如果使用者接触到虚拟空间中的物体,那么使用者手上应该能够感受到,若使用者对物体有所动作,则物体的位置和状态应随之改变。

具体来讲,虚拟现实交互技术就是使用以计算机技术为核心的现代高科技,生成逼真的视觉、听觉、触觉一体化的特定范围的虚拟环境,用户借助必要的设备以自然的方式与虚拟环境中的对象进行交互作用、相互影响,从而产生身临其境的感受和体验。

虚拟现实交互系统包括检测模块、反馈模块、传感器模块、控制模块及建模模块等。该系统主要应用了动态环境建模技术、实时三维图形生成技术、立体显示技术、传感器技术及系统集成技术。

采用动态环境建模技术可以获取实际环境的三维数据,并利用获得的三维数据建立相应的虚拟环境模型。采用 CAD 技术或非接触式的视觉建模技术获取三维数据,二者有机结合可以有效地提高数据获取的效率。动态环境建模技术是应用计算机技术生成虚拟世界的基础。

实时三维图形生成技术的关键是如何实现实时生成。为了达到实时的目的,在不降低图形的质量和复杂度的前提下,要保证图形刷新率不低于 15 帧/秒,最好高于 30 帧/秒。

虚拟现实的交互能力主要依靠立体显示技术和传感器技术。现有的虚拟现实交互技术远不能满足系统的需要,虚拟现实设备的跟踪精度和跟踪范围都有待提高。用户通过传感装置可以直接对虚拟环境进行操作,并得到实时的三维显示和反馈信息(如触觉、力觉反馈等)。空间跟踪主要通过头盔显示器、数据手套、数据衣等交互设备上的空间传感器,确定用户的头、手、躯体或其他操作物在虚拟环境中的位置和方向。声音跟踪利用不同声源的声音到达某一特定地点的时间差、相位差、声压差等进行虚拟环境的声音跟踪。视觉跟踪使用从视频摄像机到平面阵列、周围光或者跟踪光在图像投影平面不同时刻和不同位置上的投影,计算被跟踪对象的位置和方向。

由于虚拟现实包括了大量的感知信息和模型，因此系统的集成技术变得至关重要。集成技术包括信息同步技术、模型标定技术、数据转换技术、数据管理模型和识别技术等。

4.3.3 多感知性

多感知性（Multi-Sensation）表示计算机技术应该拥有很多感知方式，如听觉、触觉、嗅觉等。理想的虚拟现实技术应该具有一切人所具有的感知功能。由于相关技术，特别是传感技术的限制，目前大多数虚拟现实技术具有的感知功能仅限于视觉、听觉、触觉、运动等几种。未来，人们会像生活在现实世界中一样生活在虚拟世界中。

现在的高端头显都配有手柄控制器，Google Daydream 也可以定制体感游戏手柄，可以在游戏时以振动给出操作反馈。Tesla Suit 和 Hardlight VR 等公司研发了全身触感套装 Teslasuit，Teslasuit 设计图如图 4-78 所示。在人们探索虚拟世界时，这种套装可以在人的身体的特定区域给予触觉反馈，还可以使人获得冷和热的温度感知。

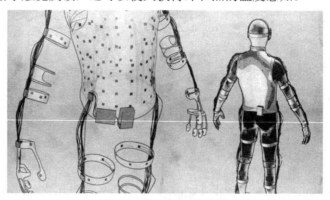

图 4-78　Teslasuit 设计图

关于如何让人认为自己的身体进入了虚拟世界的研究，目前被称为虚拟性具身（Virtual Embodiment），即在虚拟世界中拥有身体感知。这是一个复杂且少有人涉足的新研究领域，但是其关注使用一系列的具体技术：虚拟呈现、虚拟化身、故事叙述、触觉及其他微妙的视觉、听觉和感官线索，通过这些技术让人感觉自己的思维进入了另一个物体，或许是虚拟化身或其他的虚拟事物。

虚拟性具身或许是一个全新的研究领域，但是其建立在已经进行十几年的科学家对人类思维与身体之间关系的研究基础上。

其中一个例子是"橡胶手错觉（The Rubber Hand Illusion）"，这是一个著名的感知实验。在这个实验中，受试者本人真实的右手被藏起来而不出现在视野中，而在视野中取而代之的是一只假的橡胶手。研究人员用笔刷同时轻刷视野外的真实右手和视野中的这只假手，直到受试者意识中认为这只假手是自己身体的一部分。此时，在一些人的大脑中，特别是在那些容易出现身体结构发育不良的人的大脑中，那只真实的手开始被忽略了。同时研究人员在被忽略的真实右手上检测到了有迹可循的温度下降状况。

这个实验基本上证明了在合适的环境刺激下，人们会把橡胶手当作自己的双手。类似的橡胶手错觉研究已经在 VR 中开展，2010 年的一项研究表明，通过将触觉、视觉和运动之间的感觉同步起来，人们可能相信虚拟手臂是自己身体的一部分。

从具身性的视角理解虚拟现实中的传播与身体的关系，虚拟现实可以被视为具身性的传播实践。

20 世纪 80 年代，神经科学家发现了镜像神经元，指出：人对某个动作的想象和观察，会自动激活大脑中相关的控制区域（镜像神经元），进而执行这个动作。这揭示了身体对特定动作的想象、观察和大脑对特定动作的相应、执行，二者的神经联结处于大脑皮层同一区域。

镜像神经系统的发现，意味着可以把 VR 理解为一种具身现象：人们能在虚拟空间中获得身体"在场"的知觉体验，镜像神经系统使人们能够通过"观察"和"想象"，把人们与物质世界交互过程中获得的知觉经验模拟到虚拟空间。当然，VR 也可以重组物质世界里的既有场景或者直接再造全新的虚拟场景，通过镜像神经系统对动作观察—执行匹配的神经联结，塑造新的身体实践与知觉经验。

VR 在技术实践层面让人们暂时遗忘了身体，但是当人们从身体的知觉能力出发去探索眼前这个虚拟的世界时，由现实世界揭示的身体意识又会限制人们对虚拟性的想象和体验。

都柏林大学 MeetingRoom 首席研究员兼 VR 实验室负责人亚伯拉罕·坎贝尔（Abraham Cambell）博士认为：虚拟环境中的人或者代理越具身，他们感知环境和与环境交互的能力就越重要。

坎贝尔主要关注娱乐和教育环境中的社交合作。他说："我正在研究在教育中使用遥在（Telepresence）和虚拟现实，以及探索如何让身处爱尔兰的我给中国学生远程教学，采用 Kinect 这样的技术对我进行实时扫描，让我出现在中国的教室，同时通过一些投影机让我看到中国教室的情况。"

"相隔很远的距离，却能与他人以面对面的方式交流，是最令人激动的一件事情。"这样看来，收购 Oculus 的公司是 Facebook 并不是巧合，因为将虚拟现实的社交部分发挥其功效能使 Facebook 获得最大收益。

随着坎贝尔及其他团队的不懈努力，以及科技的不断发展，头显会变得更加轻盈，视觉、听觉、嗅觉、触觉、味觉都能一一实现，全息传送会变得更加便捷。

4.3.4　构想性

虚拟现实技术的构想性也称想象性（Imagination），是指通过沉浸感和交互性，使参与者随着环境状态和交互行为的变化而对未来产生构想，增强创想能力。

虚拟现实技术的构想性强调虚拟现实技术应具有广阔的可想象空间，可拓宽人类认知范围，不仅可再现真实存在的环境，而且可以使人类随意构想客观不存在的甚至不可能发生的环境。

所以，构想性可以理解为使用者进入虚拟空间，根据自己的感觉与认知能力吸收知识，发散拓宽思维，创立新的概念和环境。在虚拟世界中，人们可以随心所欲的想象周围的环境，可以是实际生活中存在的物体或者根本不存在的物体。换句话说，虚拟环境将人们想象的事物一一呈现出来，这时就体现了虚拟现实技术的构想性。

4.3.5　自主性

虚拟现实技术的自主性（Autonomy）是指在虚拟环境中的物体，可以依据现实世界物理运动定律动作的程度。例如，当受到力的推动时，物体会向力的方向移动或翻倒或从桌面落到地面等。

可以这样理解：用户在虚拟环境中，以客观世界中的实际动作或方式来操作虚拟系统，并获得场景和环境的反馈，通过现实世界万物的物理属性，在虚拟空间内可以真实地展现出来，这种特性就是虚拟现实技术的自主性。

因为感受过于真实，所以自主性会使虚拟现实技术的应用范围更加广泛，虚拟现实空间的可控性和多样性的变化，使人们重新认识数字化世界，从而改变人们针对世界的固有模式，给人们带来一种新颖的感受。

4.4　虚拟现实关键技术的发展

4.4.1　视听呈现技术

显示设备从早期的黑白显示到现在的大屏幕超高清显示，走过了漫长而艰辛的历程。

1. 大屏幕显示技术的发展

前面提到，最早的显示设备是 CRT 显示器，CRT 的中文全称是阴极射线管，是由布劳恩于 1897 年制造出来的，也是之后 CRT 显示器的核心部件。

20 世纪 50 年代彩色显像管的出现，让人们可以看到彩色画面。但是在 20 世纪 90 年代以前，显像管都是球面屏的天下，在这个阶段显像管的荧光屏呈现的图像在水平和垂直方向必然都是弯曲的，图像也随着屏幕的形态弯曲。越接近屏幕边缘失真越厉害，图像严重失真且实际显示面积较小，弯曲的屏幕很容易造成反光现象。

20 世纪 90 年代初期，显示器进入平面直角的时代。这种平面直角的屏幕四角是略微圆弧的形状，但实际上也是一个球体的一部分，只是这个球体的直径很大，使得屏幕看起来几乎是个平面。20 世纪 90 年代初期的平面直角电视机如图 4-79 所示。在当时，这种平面直角显示器的出现还是令人振奋的，因为它大大缓解了图像的变形，而且避免了灯光的反射。具体来讲，纯平显像管具备了画面清晰度高、画面扭曲度小、色彩更真实、可视角度大的优势。

图 4-79　20 世纪 90 年代初期的平面直角电视机

随着显像管技术的不断改进，进入 20 世纪 90 年代后期，大屏幕彩色电视涌入消费市场，显像管技术已经进入成熟期，并由模拟向数字化迈进。

但是，意想不到的事情发生了。拥有近百年历史的 CRT 在 21 世纪初被 LCD 取代了。

1997 年 12 月，日本先锋推出第一台家用等离子电视机，使等离子电视机第一次进入家庭使用。在大屏幕显示器领域里，等离子电视机走在了液晶电视机的前面。在 2000 年初，等离子电视机以优越的表现，成为非常热门的高画质平板电视机的选择。等离子显示器是一种利用气体放电的显示装置，采用等离子管作为发光元件，将大量的等离子管排列在一起构成整个屏幕。每个等离子管作为一个像素，充有氖、氙原子，当它们被撞击时便发出紫外线光，激发荧光粉，产生了人们可见的光线。

2001 年，在人们纷纷预测等离子电视机将会取代 CRT 彩电的时候，第一代液晶电视机上市。由于等离子显示技术被行业巨头垄断，研发及生产资金高昂，许多中小企业将投资目标转向了液晶显示设备。液晶电视机用了 10 年时间，占领了电视行业的绝对市场，并且仍在不停地追求更高品质，融入新技术。

LCD 液晶屏的构造是在两片平行的玻璃基板中放置液晶盒，在下基板玻璃上设置 TFT（薄膜晶体管），在上基板玻璃上设置彩色滤光片，通过 TFT 上的信号电压改变控制液晶分子的转动方向，从而控制每个像素点偏振光出射与否而达到显示目的。

2013 年，OLED 有机发光二极管电视（简称 OLED 电视）上市，OLED 电视的屏幕面板每一个像素点都能独立自发光，不需要背光源，只要向电极中输入电压，激发层就能产生所需要的彩色光，产生的蓝色光波段对人眼危害微乎其微。OLED 电视的正式商业化让更多高端用户有机会体验次世代显示技术的强大。2016 年夏末秋初，创维捷足先登，出重拳推出了一款将 OLED 电视与 AR 技术相结合的智能电视 S9D，如图 4-80 所示，为电视行业打造出惊世骇俗的产品。有机发光二极管显示器是利用有机发光二极管制成的显示器，其不需背光源、对比度高、厚度薄、视角广、反应速度快、可用于挠曲性面板、使用温度范围广、构造及制程较简单等优异特性，被认为是下一代的平面显示器新兴应用技术。

图 4-80　创维 OLED+AR 智能电视 S9D

20 世纪 90 年代以来,随着液晶显示技术的成熟,以液晶、等离子为代表的新一代显示设备以其全彩色精致影像画质、节省能源、无辐射、无闪烁等优点获得了快速发展。立体显示技术的研究方向也已经集中于基于液晶平板显示器的裸眼立体显示技术。2004 年,经过多年研发,SuperD 立体影像工作站正式问世,实现商用。它成功地实现了液晶显示器和裸眼立体显示技术的巧妙结合,具有近乎完美的自由立体图像显示功能,给人们带来一场全新的视觉盛宴。进入 21 世纪,3D 显示技术已成为当前最受欢迎的显示技术。科技的本质就是把好的东西带给人类,并使一切更加容易、更加简单、更加便捷。因此,裸眼 3D 技术是未来显示技术发展的必然趋势。

2. 全息投影技术

全息投影技术(Front-Projected Holographic Display)也被称为虚拟成像技术,是利用干涉和衍射原理记录并再现物体真实的三维图像的技术。"全息"来自希腊语"holo",含义是"完全的信息",即包含光波中的振幅和相位信息。普通的摄影技术仅能记录光的强度信息(振幅),深度信息(相位)则会丢失。而在全息技术的干涉过程中,波峰与波峰的叠加会更高,波峰与波谷叠加会削平,因此会产生一系列不规则的、明暗相间的条纹,从而把相位信息转换为强度信息记录在感光材料上。

全息技术最早于 1947 年由匈牙利物理学家 Denise Gabor(1900—1979 年)发明,Denise Gabor 因此获得了 1971 年的诺贝尔物理学奖。其他物理学家也进行了很多开创性的工作,如 Mieczyslaw Wolfke 解决了之前的技术问题,使优化有了可能。这项发明其实是英国一家公司在改进电子显微镜的过程中意外获得的产物。这项技术最开始使用的仪器仍然是电子显微镜,所以利用该技术得到的图像最开始被称为"电子全息图"。作为光学领域的全息图直到 1960 年激光技术被发明后才得以发展。

第一张记录了三维物体的全息图是在 1962 年由 Yuri Denisyuk、Emmett Leith 和 Juris Upatnieks 在美国拍摄的。

全息技术的原理第一步是利用干涉原理记录物体光波信息,即拍摄过程。被摄物体在激光辐照下形成漫射式的物光束;另一部分激光作为参考光束射到全息底片上,和物光束叠加产生干涉,把物体光波上各点的相位和振幅转换成在空间上变化的强度,从而利用干涉条纹间的反差和间隔将物体光波的全部信息记录下来。记录着干涉条纹的底片经过显影、定影等处理程序后,便成为一张全息图,或称全息照片。其第二步是利用衍射原理再现物体光波信息,这是成像过程。全息图犹如一个复杂的光全息术栅,在相干激光照射下,一张线性记录的正弦全息图的衍射光波一般可给出两个象,即原始象(又称初始象)和共轭象。再现的图像立体感强,具有真实的视觉效应。全息图的每一部分都记录了物体上各点的光信息,故原则上它的每一部分都能再现原物的整个图像,通过多次曝光还可以在同一张底片上记录多个不同的图像,并且能互不干扰地分别显示出来。

全息技术的典型应用是全息投影。全息投影是一种无须佩戴眼镜的 3D 技术,观众可以看到立体的虚拟人物。这项技术在一些博物馆、舞台上应用较多,而在日本的舞台上较为流行。图 4-81 所示为苏州丝绸博物馆全息投影展示。全息立体投影设备不是利用数码技术实现的,而是将不同角度影像投影至国外进口的全息投影膜上实现的。全息投影膜拥有独一无二的透明特性,在保持清晰显像的同时,能让观众透过投影膜看见背后的景物,无空间设限,能透过正面、背面、两侧同时多角度直接观看影像,因而实现了真正的全息立体影像。

图 4-81　苏州丝绸博物馆全息投影展示

　　360 度幻影成像是一种将三维画面悬浮在实景的半空中成像的技术，它营造了亦幻亦真的氛围，效果奇特，具有强烈的纵深感，真假难辨。利用该技术可形成空中幻象，中间可结合实物，实现影像与实物的结合。此技术可配加触摸屏实现与观众的互动，也可做成全息幻影舞台，使真人和虚幻人同台表演，360 度幻影成像舞台演出如图 4-82 所示。该技术也适用于表现细节或内部结构较丰富的个体物品，如名表、名车、珠宝、工业产品。

图 4-82　360 度幻影成像舞台演出

3．三维立体音效技术

　　虚拟现实技术想要获得更加真实的临场感，对声效的处理是不可或缺的。

　　1877 年，伟大的发明家爱迪生改进了早期由亚历山大·贝尔发明的电话机，并使之投入了实际使用，不久便开办了电话公司。在改良电话机的过程中，他发现传话筒里的膜板随说话声而振动，他找了一根针，竖立在膜板上，用手轻轻按着上端，然后对膜板讲话，声音的快慢高低，能使短针相应产生不同的颤动，爱迪生为此画出草图让助手制作出机器，经过多次改造，第一台留声机诞生，从此之后声音可以被回放。当时利用一个声道或音轨来重现声音，被称作 Mono 或单声道。

　　自然界发出的声音是立体声，但如果将这些立体声经记录、放大等处理后重放时，所有的声音都从一个扬声器放出来，这种单声道重放声与原声源相比，失去了原来的空间感

（特别是声群的空间分布感），就不是立体声了。而具有一定程度的方位层次感等空间分布特性的重放声，在音响技术中被称为立体声。

1931 年，英国工程师 Alan Blumlein 发明了立体声录音技术（Stereo）。美国无线电公司（RCA）于 1957 年第一次将立体声唱片引入商业应用领域，开始采用双音轨的磁带作为存储介质，后来采用黑胶唱片进行存储。双声道立体声重放时需要左右两个音箱发出不同的声音，以辨别声源的方位。直到 20 世纪 60 年代，立体声录音技术才慢慢普及，那时候 The Beatles、猫王都开始尝试用立体声录音技术来创作。

随后出现的立体声技术达到了很好的声音定位效果，成为影响深远的一个音频标准，时至今日，立体声依然是许多产品遵循的技术标准。它的出现造就了大部分日本电子企业的辉煌，苹果公司的产品大行其道在很大程度上也得益于此。在改革开放后，国内出现了立体声唱片、录音带和立体声无线电广播的繁荣。

Stereo 虽然被叫作立体声，但它离立体还有点距离，因为人类大脑对于判断实体声音超级厉害。为了让人的体验更身临其境，人们很自然地会想到增加音箱的数量，所以后来出现了前面两个声道、后面两个声道的四声道环绕系统。随着技术的进一步发展，多声道环绕音效出现了，音响技术由此正式进入多声道环绕时代。一些知名的声音录制压缩格式，如杜比 AC-3、DTS 等都是以 5.1 声音系统为技术蓝本的。20 世纪 80 年代以后，电影院开始使用 5.1 声道环绕音效系统。

5.1 声音系统来源于四声道环绕系统，不同之处在于它增加了一个中置单元。这个中置单元负责传送低于 80Hz 的声音信号，在欣赏影片时有利于加强人声，把对话集中在整个声场的中部，以增加整体效果。之后又出现了更强大的 7.1 声音系统，它在 5.1 声音系统的基础上增加了中左和中右两个发音点，以求达到更加完美的境界。后来有了 9.1 声道，放在天花板上的高置声道和 11.1 声道把天花板的音箱数量变成 4 个，增加音箱数量是为了增加体验和故事的真实性，让每个人能更融入故事，由于成本比较高，没有广泛普及。

随着技术的进步，音频技术发展正在步入三维（3D）音效时代。三维音效不需要使用那么多音箱，而是由计算机计算虚拟声源相对于耳机的位置和辐射特性，计算虚拟声源的直达声和混响声，计算虚拟声源的双耳传递函数，最后将结果与虚拟声源的原始声音信号进行卷积得到的重构 3D 音效。

这种音源追踪的能力，能够定位出环绕使用者身边不同位置的音源，被称作定位音效，借助 HRTF 的功能来达到这种神奇的效果。

HRTF 的全称为 Head Related Transfer Function（头部相关位置转换），就是在三维立体空间中，模拟人耳如何监测和分辨声音来源的方法。简单来说，当声波传到人耳时，大脑可以分辨出细微的差别，利用这些差别来分辨声波的形态，然后换算成声音在空间里的位置来源。

目前，多数 3D 音效的声卡都使用 HRTF 的换算方法来转换游戏里的声音效果，支持声源定位的游戏将声音与游戏的物件、人物或其他的声音的来源结合在一起，当这些声音与玩家在游戏中的位置改变时，声卡就依据相对位置调整声波信号的发送。

除了重现游戏的音效的方位，3D 音效的开发者还试着利用回声与其他环境声音的效果让游戏的声音效果变得更加立体。

可以预见，3D 音效将大大补足虚拟现实领域的听觉短板，提升沉浸感。纵观全球 VR 行业发展脉络，虚拟现实与 3D 音效融合发展是大趋势。

4.4.2　传感技术

理想的虚拟现实技术应该具有一切人所具有的感知功能。由于相关技术，特别是传感技术的限制，目前虚拟现实技术具有的感知功能仅限于视觉、听觉、力觉、触觉、运动等几种。

虚拟现实使用了各种传感设备，且虚拟现实对传感器提出了更高的要求，因此传感器技术是虚拟现实中的一项关键内容。虚拟现实中的传感设备主要包括两部分：一部分是用于人机交互而穿戴于操作者身上的立体头盔显示器、数据手套、数据衣等传感设备；另一部分是用于正确感知而设置在现实环境中的各种视觉、听觉、触觉、力觉等传感装置。

传感器（Transducer/Sensor）是一种检测装置，能感受到被测量的信息，并能将感受到的信息按一定规律变换成电信号或其他所需形式的信息输出，以满足信息的传输、处理、存储、显示、记录和控制等要求，通常由敏感元件和转换元件组成。

通常根据传感器基本感知功能将传感器分为热敏元件、光敏元件、气敏元件、力敏元件、磁敏元件、湿敏元件、声敏元件、放射线敏感元件、色敏元件和味敏元件十大类。

中国物联网校企联盟认为，传感器的存在和发展，让物体有了触觉、味觉和嗅觉等感官，让物体慢慢变得活了起来。

自从 1883 年，全球首台恒温器正式上市，传感器和传感技术一直为人类社会生活发挥着重要的作用。传感器被广泛应用于社会发展及人类生活的各个领域，如工业自动化、农业现代化、航天技术、军事工程、机器人技术、资源开发、海洋探测、环境监测、安全保卫、医疗诊断、交通运输、家用电器等领域。

20 世纪 40 年代末，第一款红外传感器问世。随后，许许多多的传感器不断被催生出来。

1987 年，ADI（亚德诺半导体）开始投入全新的传感器研发，这种传感器与其他传感器不太一样，名叫 MEMS 传感器，是采用微电子和微机械加工技术制造出来的新型传感器。MEMS 的全称是微型电子机械系统（Micro-Electro-Mechanical System），微机电系统是指可批量制作的，将微型机构、微型传感器、微型执行器及信号处理和控制电路、接口、通信和电源等集于一体的微型器件或系统。MEMS 传感器是以半导体制造技术为基础发展起来的一种先进的制造技术平台。MEMS 传感器与传统的传感器相比，它具有体积小、质量轻、成本低、功耗低、可靠性高、适于批量化生产、易于集成和实现智能化的特点，同时，微米量级的特征尺寸使得它可以完成某些传统机械传感器不能实现的功能。

ADI 是业界最早做 MEMS 传感器研发的公司。1991 年，ADI 发布了业界第一颗 High-g MEMS 器件，该器件主要用于汽车安全气囊碰撞监测。而后众多 MEMS 传感器被广泛研发，用在手机、电灯、水温检测等精密仪器上，截至 2010 年，全世界大约有 600 家公司从事 MEMS 传感器的研制和生产工作。

传感器技术的发展经历了三个历史阶段。

第一代传感器是结构型传感器，它利用结构参量变化来感受和转化信号。例如，电阻应变式传感器是利用金属材料发生弹性形变时电阻的变化来转化电信号的。

第二代传感器是 20 世纪 70 年代开始发展起来的固体传感器，这种传感器由半导体、电介质、磁性材料等固体元件构成，是利用材料的某些特性制成的。例如，利用热电效应、霍尔效应、光敏效应，分别制成热电偶传感器、霍尔传感器、光敏传感器。

20 世纪 70 年代后期，随着集成技术、分子合成技术、微电子技术及计算机技术的发展，出现了集成传感器。集成传感器包括两种类型：传感器本身的集成化和传感器与后续电路的集成化。例如，电荷耦合器件（CCD）如图 4-83 所示，集成温度传感器 AD 590，集成霍尔传感器 UGN 3501 等。这类传感器具有成本低、可靠性高、性能好、接口灵活等特点。集成传感器发展非常迅速，现已占传感器市场的 2/3 左右，它正向着低价格、多功能和系列化方向发展。

图 4-83　电荷耦合器件（CCD）

第三代传感器是 20 世纪 80 年代刚刚发展起来的智能传感器。智能传感器对外界信息具有一定检测、自诊断、数据处理及自适应能力，是微型计算机技术与检测技术相结合的产物。智能化测量主要以微处理器为核心，把传感器信号调节电路、微计算机、存储器及接口集成到一块芯片上，使传感器具有一定的人工智能。20 世纪 90 年代，智能化测量技术有了进一步的提高，使智能传感器具有自诊断功能、记忆功能、多参量测量功能及联网通信功能等。

随着 VR 技术、云计算、5G、大数据、AI 技术及物联网技术的爆发，智能传感器和智能传感技术逐渐被提及，大量的可穿戴式设备中含有多种生物及环境智能感应器，用以采集人体及环境参数，实现对穿戴者运动健康的管理，传感器更高的精度使得设备更加可靠。

近年来，出现了新型传感器。新型传感器的特点包括微型化、数字化、智能化、多功能化、系统化、网络化。它不仅促进了传统产业的改造和更新换代，而且可促使建立新型工业，从而成为 21 世纪新的经济增长点。微型化是建立在微电子机械系统技术基础上的，已成功应用在硅器件上制成硅压力传感器。

美国早在 20 世纪 80 年代就声称世界已进入传感器时代，并成立了国家技术小组（BTG），帮助政府组织和领导各大公司与国家企事业部门的传感器技术开发工作。美国国家长期安全和经济繁荣至关重要的 22 项技术中有 6 项与传感器信息处理技术直接相关。对于保护美国武器系统质量优势至关重要的 21 项关键技术中，8 项为无源传感器技术。美国空军于 2000 年举出 15 项有助于提高 21 世纪空军能力的关键技术，传感器技术名列第二。

日本对开发和利用传感器技术相当重视，并把传感器技术与计算机、通信、激光半导体、超导等共同列为国家重点发展核心技术，日本科学技术厅制定的 20 世纪 90 年代重点科研项目中有 70 个重点课题，其中有 18 个重点课题与传感器技术密切相关。日本工商界人士甚至声称"支配了传感器技术就能够支配新时代"。

中国也把传感器技术列为"八五"国家重点科技项目（攻关）及中长期科技发展重点新技术之一，并先后组建了黑龙江（气敏）、安徽（力敏）、陕西（电压敏）三个产业基地与企业集团。

4.4.3 交互技术

一个完整的虚拟现实系统由虚拟环境、以高性能计算机为核心的虚拟环境处理器、以头盔显示器为核心的视觉系统、以语音识别、声音合成与声音定位为核心的听觉系统、以方位跟踪器、数据手套和数据衣为主体的身体方位姿态跟踪设备，以及味觉、嗅觉、触觉与力觉反馈系统等功能单元构成。人机交互传感器技术涉及操作者头部跟踪设备、操作者手部跟踪设备、操作者躯体跟踪设备和声音交互设备。以下是虚拟现实系统常用交互设备。

1．三维鼠标

1991 年，罗技第一款无线鼠标"MouseMan Cordless"面世，如图 4-84 所示，当时这款"MouseMan Cordless"使用了射频 RF 无线技术，适用范围仅为 1 米，不过一经上市就受到广大消费者的喜爱，产品的销售情况非常好，从那时起，鼠标的历史就已经被改写，无线外设时代来临，这款产品也成为无线产品的里程碑。

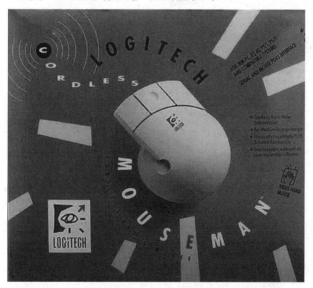

图 4-84　罗技第一款无线鼠标"MouseMan Cordless"

1995 年，中国台湾昆盈集团率先发明了鼠标滚轮。次年，微软推出了 Microsoft IntelliMouse，如图 4-85 所示，将滚轮设计首次应用于微软鼠标产品上，并在微软的相关软件中强化了鼠标滚轮的作用，该举动加速了鼠标滚轮的普及和发展，从现在的鼠标来看，滚轮依旧是鼠标最重要的标配之一。

图 4-85　Microsoft IntelliMouse

　　1999 年，微软与安捷伦公司合作发布了 IntelliEye 光学引擎，从而揭开了光学成像鼠标时代的序幕。其中 IntelliEye 定位引擎是世界上第一个光学成像式鼠标引擎，它的高适应能力和不需清洁的特点成为当时最为轰动的鼠标产品，被多个科学评选评为 1999 年最杰出的科技产品之一。正是这次变革才让鼠标从机械步入光学时代，让鼠标的精准度有了一次质的飞跃。作为第一款光学鼠标，微软 IO 1.0（见图 4-86）改变了用户对计算机的认知。

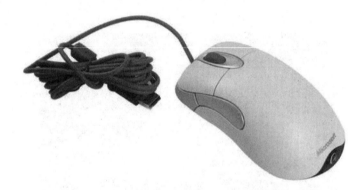

图 4-86　第一款光学鼠标微软 IO 1.0

　　之后的微软光学鼠标都采用了 IntelliEye2 光学引擎，其中包括被全球 CS 玩家疯狂追捧的 IE 3.0 鼠标和 IO 1.1 鼠标，并且造就了长达十年的市场寿命，至今无任何一款鼠标可以打破这一纪录。

　　2003 年，罗技与微软分别推出以蓝牙微通信协定的蓝牙鼠标，它标志着无线鼠标进入一种全新的传输时代。蓝牙是一种支持设备短距离通信（一般为 10m 内）的无线电技术，能在移动电话、PDA、无线耳机、笔记本电脑、鼠标、键盘等众多设备之间进行无线信息交换。同时蓝牙鼠标的出现解决了笔记本电脑上 USB 接口少的问题，越来越多的笔记本电脑开始标配蓝牙无线模块，这让用户可以选择各种采用蓝牙技术的外设产品，连接方便成为蓝牙设备的首要优势，蓝牙产品在使用方面也更加方便。

　　伴随着蓝牙技术推广的热潮，各大厂商纷纷推出旗下蓝牙鼠标新品，完善蓝牙鼠标的产品生产线，蓝牙鼠标成为当时无线鼠标主流方案之一。

　　近些年，鼠标的设计越来越贴近使用需求，人体工程学鼠标也发展出了很多形式。人体工程学鼠标的设计成为众人追捧的对象，目的是减少长时间用外翻的姿势握鼠标对手腕造成的压力和疼痛。将鼠标设计成垂直的外形，使用者必须使手掌处在自然直立的位置，这种姿势可以避免手臂的翻转，减少对手腕的压力，如图 4-87 所示。

图 4-87　垂直鼠标

普通鼠标只能感受平面运动，而三维（3D）鼠标可以让用户感受到三维空间中的运动。三维鼠标可以完成在虚拟空间中六个自由度的操作，包括三个平移参数与三个旋转参数。其工作原理是在鼠标内部装有超声波或电磁发射器，利用配套的接收设备可检测到鼠标在空间中的位置与方向。

2013 年，3Dconnexion 公司全新推出世界上第一款 3D 鼠标——3Dconnexion SpaceMouse Wireless，如图 4-88 所示，它拥有 2.4GHz 无线技术和可充式内置电池。专利的六轴自由度操作技术 （6-Degree-of-Freedom，6DoF）可以让使用者如同亲手拿着计算机正在处理的三维模型，灵活且自然，轻推、拉、旋转、倾斜控制帽，可以同步移动、缩放、旋转模型，比用一般鼠标操作更简单轻松。

图 4-88　3Dconnexion 公司的第一款 3D 鼠标

3Dconnexion SpaceMouse Wireless 是三维模型业界中的一个标准，因其明显的优势而得到大量软件开发商的支持。

2. 数据手套

数据手套是虚拟仿真中最常用的交互工具。数据手套内设有弯曲传感器，弯曲传感器由柔性电路板、力敏元件、弹性封装材料组成，可以将人手姿态准确实时地传递给虚拟环境，并且能够把与虚拟物体的接触信息反馈给操作者，使操作者以更直接、更自然、更有效的方式与虚拟世界进行交互，大大增强了互动性和沉浸感，特别适用于需要多自由度手模型对虚拟物体进行复杂操作的虚拟现实系统。数据手套本身不提供与空间位置相关的信息，必须与位置跟踪设备连用。

数据手套的概念最早是由美国的 Jaron Lanier 于 20 世纪 80 年代提出的。在第一款光纤手套之后，市面上又出现了众多改良版光纤数据手套，其中，由 5DT 公司研发的 5DT Data Glove 5 Ultra 是光纤传感器数据手套中较为完善的代表。

5DT Data Glove 5 Ultra，如图 4-89 所示，是 5DT 公司为现代动作捕捉和动画制作领域的专业人士专门设计的一款数据手套，可满足最为苛刻的工作要求。该产品具有佩戴舒适、简单易用、波形系数小、驱动程序完备等特点。超高的数据质量、较低的交叉关联及高数据频率使该产品成为制作逼真实时动画的理想工具。

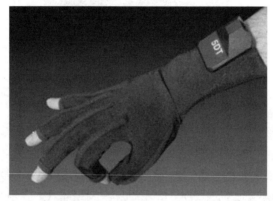

图 4-89   5DT Data Glove 5 Ultra

5DT Data Glove 5 Ultra 数据手套可对用户手指的弯曲度进行测量，每根手指配有 1 个传感器。该系统通过 USB 数据线与计算机相连。该系统具有 8-bit 曲度解析率，通过蓝牙技术（连接距离可达 20 米），仅需使用一块电池，5DT Data Glove 5 Ultra 无线模块即可实现与计算机长达 8 小时的高速连接。产品配有左、右手数据手套两种型号，尺寸统一，适应性超强，由可伸缩的莱卡布制成。

但该手套存在很多缺点。首先，柔性材料成本极高，同时为了便于手部的佩戴，需要为柔性传感器设计特殊的支撑结构，结构开发难度大；其次，柔性传感器覆盖于整个手指上，不能精确测量每个关节的弯曲弧度；再次，柔性光纤传感器只能检测单一自由度的变形，故精度较差；最后，光纤在多次的弯曲变形后，会产生疲劳损伤，极大影响角度的测量精度。

骨骼类数据手套与柔性数据手套一样，是早期出现的硬件数据手套之一，该类数据手套的主要功能在于可以实现对手部的力学反馈，具有灵敏度高、稳定性强、触觉反馈效果好等优点。同时，根据手套骨骼相对于手掌的位置，骨骼类数据手套有外骨骼数据手套和内骨骼数据手套两种。

第一款外骨骼数据手套是由 NASA 资助研制的 CyberGrasp，它通过绳索及配套的驱动器实现对手部关节的定位及力学的反馈。图 4-90 所示为 CyberGrasp，当使用者手部用力时，力量会通过外骨骼传导至与指尖相连的肌腱。

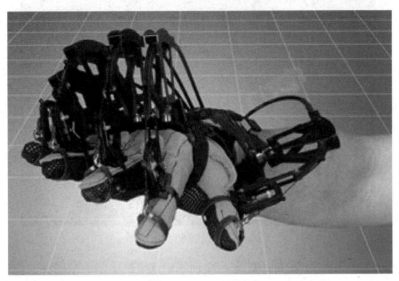

图 4-90　CyberGrasp

　　之后，美国 Rutgers 大学的 Mourad Bouzit 于 1996 年开发出通过腱传动及力矩电机来驱动的外骨骼手套。2004 年，Carnegie Mellon University 的机器人研究小组开发出可以通过肌电信号进行控制的外骨骼手套，该手套可以采集来自人手部的肌电信息，并借助活塞控制外骨骼手套的曲张运动。此后德国和日本各自研制出了带有不同驱动装置的外骨骼手套。

　　第一款较成熟的内骨骼数据手套是由 Mourad Bouzit 等人于 2002 年研制开发的，其力反馈及定位装置位于手掌内侧，通过气缸来控制手指的曲张。此后出现了多种内骨骼数据手套，原理基本类似。

　　近些年，骨骼数据手套发展已较为成熟，可以在实现手部定位的同时给予相应的力学反馈，但是骨骼类手套也存在相应的缺陷：骨骼数据手套结构复杂，手部运动多属于微位移，对尺寸精度要求高，故需要苛刻的设计及装配工作的支撑，开发成本高昂；另外，内外骨骼手套的核心部分在于通过机械结构实现对手部的定位和力反馈，但大部分的机械结构不具备定位的能力或定位效果很差，属于单向控制，操作者一般需要另行设计检测装置，才能得到手部的姿态信息反馈，故手势姿态解析能力低，所以骨骼手套多仅为触觉显示装置安装于数据手套上；同时，当骨骼结构确定后，反馈方式将受到限制，反馈内容较单一。

　　在柔性数据手套与骨骼类数据手套之后，随着微电子及嵌入式技术的快速发展，市面上开始出现各式各样的 MEMS 惯性传感器，研发人员也开始使用惯性传感器开发改进型数据手套。基于惯性导航的数据手套在手部被测部位安装惯性传感器，使用惯性导航原理，计算该部位的空间位置和姿态信息。早期针对惯性传感器的手部运动检测装置以任天堂的 Wii 和索尼的 PlayStation 系列为代表，通过在手柄中安装加速度传感器来测量手柄载体坐标系各坐标轴上的重力分量，进而计算手柄的空间摆放位置。

　　Wii 于 2006 年发布，如图 4-91 所示，其手柄可以根据一段时域内手柄各轴重力分量的变化来识别人手挥动的动作，以此作为输入信号实现对游戏角色的控制。

图 4-91　任天堂的 Wii 手柄

PlayStation 4 于 2014 年发布，如图 4-92 所示，其根据手柄的空间摆放位置，融合各轴的重力分量实现对手柄空间姿态角的测量。

图 4-92　PlayStation 4

Wii 和 PlayStation 都通过测量人手的惯性加速度来采集手部运动及姿态信息，但是由于仅使用加速度计解算的姿态信息有限，故无法全面地利用人体的姿态信息，尤其当需要对手柄的朝向进行解析时，会遇到巨大的困难。为解决以上问题，初期，任天堂和索尼公司使用摄像头进行辅助，对手柄的空间位置和姿态进行定位。之后随着陀螺仪成本逐渐降低及惯性导航技术的发展，研究者开始着眼于使用陀螺仪来辅助进行姿态定位。

陀螺仪可以通过积分来测量角度，有较好的测量效果，但单纯的陀螺仪系统易受到噪音干扰，会产生大量的积分误差，且误差随时间累积，很难消除，无法进行长时间高精度的姿态测量，这对惯性数据手套的研制产生了阻碍。索尼、三星、微软等知名企业推出了全新的虚拟现实人机交互工具，其中以索尼公司于 2015 年正式发布的 PSVR 为代表，针对陀螺仪误差无法清除的问题，新的 PSVR 手柄上安装有红外传感器，用户需佩戴安装有红外摄像头的头盔，对手柄位置进行修正。该方法定位精度很好，但 PSVR 为棒状手柄，为了进一步采集手指运动情况，索尼公司于 2016 年提出 PSVR 升级方案，结合柔性传感器及压力开关来检测手指的空间姿态与位置。

2015 年，NeuroDigital Technologies 初创公司发布了一款名为 Gloveone 的数据手套，如图 4-93 所示，这是当时最尖端的产品。Gloveone 是一副具备触觉反馈功能的手套，可兼容多款虚拟现实头盔。Gloveone 的手掌和手指部分内置有 10 个驱动马达，每个马达都可以通过振动制造触感。结合惯性导航技术及图像处理技术进行人机交换，手套共安装九组惯性传感器，可以测量手部的弯曲，同时使用 Leap Motion（体感控制器制造公司 Leap 于 2013 年发布的面向 PC 及 Mac 的体感控制器）测量手部的空间位置。使用该手套不仅可以触摸虚拟按钮，还可以捕捉虚拟蝴蝶，具有极高的精度和实时性。

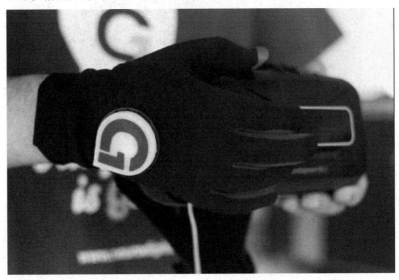

图 4-93　Gloveone 数据手套

3．数据衣

数据衣是为了使 VR 系统识别全身运动而设计的输入装置。其原理与数据手套类似。数据衣装备着许多触觉传感器，将数据衣穿在身上，衣服里面的传感器能够根据身体的动作探测和跟踪人体的所有动作。数据衣对人体大约 50 个不同的关节进行测量，包括膝盖、手臂、躯干和脚。通过光电转换，身体的运动信息被计算机识别。数据衣也会反作用于人体，产生压力和摩擦力，使人的感觉更加逼真。数据衣和头显、数据手套一样，也有延迟大、分辨率低、作用范围小、使用不便的缺点。另外，数据衣存在的一个潜在的问题就是人的体型差异比较大。为了检测全身，不但要检测肢体的伸张状况，而且要检测肢体的空间位置和方向，需要许多空间跟踪器。

4．力矩球

力矩球是一种可提供六自由度的外部输入设备，安装在一个小型的固定平台上。六自由度是指宽度、高度、深度、俯仰角、转动角和偏转角。力矩球可以扭转、挤压、拉伸及来回摇摆，可以在虚拟场景中自由漫游，或者控制场景中某个物体的空间位置及方向。力矩球通常使用发光二极管来测量力。每个发光二极管代表一个自由度：上下、左右、前后、俯仰、摇摆和滚动。当用户手握小球，使它在某一方向运动时，光传感器便记录了这个动作，通过装在球中心的几个张力器测量出手施加的力，并将测量值转化为三个平移运动和三个旋转运动的值输入计算机中，计算机根据这些值改变其输出显示。SpaceBall

Technologies 公司生产的 SpaceBall 3003 是力矩球的代表，它可感受的力的范围是 0.5～20N，可承受的转动力矩为 15.6N·m，球体半径为 60mm。

罗技的设备向来是业界的标准。罗技子公司 3Dconnexion 推出过一款民用的三维轨迹球产品 SpaceBall 5000，如图 4-94 所示。很多业内人士认为这是少数几款普通用户可以接受的三维轨迹球设备中功能最强大的一款。其可以在 100 多类应用软件中起到良好的辅助效果。

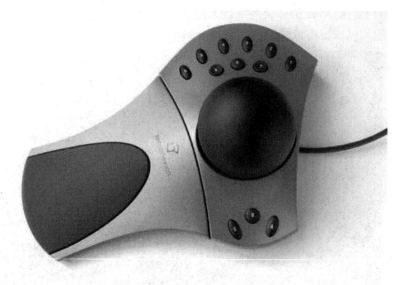

图 4-94　3Dconnexion 公司的 SpaceBall 5000

5. 操纵杆

操纵杆是一种可以提供六个自由度及手指按钮的外部输入设备，适用于虚拟飞行等操作。由于操纵杆采用全数字化设计，其精度非常高。无论操作速度多快，它都能快速做出反应。操纵杆的优点是操作灵活方便，真实感强，相对于其他设备来说价格低廉。缺点是只能用于特殊的环境，如虚拟飞行。

空战游戏《皇牌空战 7：未知空域》发布前，游戏周边设计及制造商 Thrustmaster 公司宣布新操纵杆 T.Flight Hotas 4 Ace Combat 7：Skies Unknown Edition 将于 2018 年 12 月 13 日开始接受预订，官方发布日期为 2019 年 1 月 17 日，如图 4-95 所示。

该操纵杆装置既可用于虚拟现实领域，也可用于电视，包括限量版操纵杆和油门控制。该设备具有全面的飞行装备：5 轴+12 个动作按钮+1 个快速触发器+1 个多向帽子开关（导航/全景视图），适用于 PlayStation 4 系统的官方按钮，具有可调节的杆式阻力、大手柄及双舵系统，通过旋转手柄（集成锁定系统）或渐进式倾斜杆工作。此外，为了使整个设置尽可能适合所有玩家，油门是可拆卸的。

图 4-95　T.Flight Hotas 4 Ace Combat 7：Skies Unknown Edition

6．触觉反馈装置

在 VR 系统中如果没有触觉反馈，当用户接触到虚拟世界的某一物体时易使手穿过物体，从而失去真实感。解决这种问题的有效方法是在用户交互设备中增加触觉反馈。触觉反馈主要是基于视觉、气压感、振动触感、电子触感和神经肌肉模拟等方法来实现的。

皮肤反馈可变点脉冲的电子触感反馈和直接刺激皮层的神经肌肉模拟反馈安全系数不高，相对而言，气压式和振动触感是较为安全的触觉反馈方法。气压式触摸反馈采用小空气袋作为传感装置，由双层手套组成，其中一个输入手套测量力，有 20～30 个力敏元件分布在手套的不同位置，当使用者在 VR 系统中与物体产生虚拟接触时，此输入手套可以检测出手的各个部位的情况。用另一个输出手套再现所检测的压力，手套上也有 20～30 个空气袋分布在对应的位置，这些小空气袋由空气压缩泵控制其气压，并由计算机对气压值进行调整，从而实现虚拟世界中手物碰触时的触觉感受。

振动反馈是用声音线圈作为振动换能装置以产生振动的方法。简单的换能装置如同一个未安装喇叭的声音线圈，复杂的换能器利用状态记忆合金支撑。当电流通过这些换能装置时，它们会发生形变和弯曲。可以根据需要把换能器做成各种形状，安装在皮肤表面的各个位置。这样就能产生对虚拟物体的光滑度、粗糙度的感知。

虚拟现实的视觉和位置追踪已经取得很大的进展，但触觉的研究发展缓慢。各大公司也想尽办法弥补这一缺陷。Oculus 于 2016 年首次在 SIGGRAPH 大会上公开亮相的 HapticWave 通过制动器来产生特定方向的弯曲波，并使用加速计感知，根据反馈信息调节制动器，但它提供的是振动感，仍然无法提供握感、痛觉、冷热之类的触觉。

2016 年，斯坦福 SHAPE 实验室研究员 Inrak Choi 和他的同事研发出一款实用的触觉反馈装置 Wolverine（金刚狼），取这个名字是因为安装在手指上的三根细长的铁棒，非常像漫威超级英雄金刚狼的手爪，如图 4-96 所示。

图 4-96　Wolverine（金刚狼）

演示视频显示，手指借助 Wolverine 铁棒上的滑块锁定从而实现与虚拟物体交互。数据传输采用蓝牙技术，用户不用担心会被电线绊倒，并且很轻便，可随身携带。当用户伸手去抓虚拟现实中的一个杯子时，手指到达杯子边缘，铁棒上的滑块便会扣紧，用户能感受到杯子反馈给手指的作用力。Wolverine 抗压能力强，它能够承受三个手指和拇指之间非常大的压力，而每次滑块扣紧铁棒只需要消耗一点点能量。

在 2017 年的第四届硅谷虚拟现实大会（SVVR 2017）上，Go Touch VR 推出了一个简单的解决方案：VR Touch 的触觉反馈系统通过塑料片让用户的指尖形成触感。

Go Touch VR 成立于 2016 年 1 月，当时的四位创始人——触觉领域的工程师和研究者，共同意识到目前的 VR 设备缺少感知系统里重要的触觉体验，从那时起，团队一直在为研究触觉 VR 设备努力。2016 年 4 月，团队提出了设备的第一个工作原型，VR Touch 由此诞生了。

VR Touch 是一款小巧的无线指尖可穿戴触觉环，原型由 3D 打印机打印成型后通过手工安装等完成，每次充电后可以使用两个小时，用一个尼龙搭扣松紧带固定在指尖，通过塑料片让指尖感受到不同的力量，如图 4-97 所示。它可以将触觉反馈到指尖上，通过戴在指尖的塑料片产生反馈力，还带着一个小马达，装置戴在指尖的感觉很像把手指压在桌面上的感觉，让使用者得到虚拟现实中更强的沉浸感和更加自然的交互体验（抓、触摸、按压等）。它最大的亮点在于设计很简单，用户能够很快地学会使用并且操作。

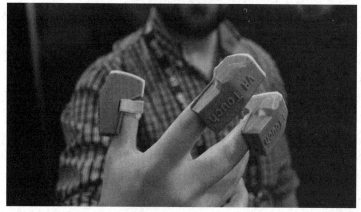

图 4-97　VR Touch

用户既可以只在一只手指上戴 VR Touch，也可以十只手指全戴，沉浸感会随着佩戴数量的增加而增强。VR Touch 支持游戏、3D 设计、音乐播放、虚拟桌面等多种功能。VR Touch 已经准备和 Oculus、HTC Vive、OSVR 和 Google Daydream 合作。当时 VR Touch 可以兼容 Leap Motion、Intel RealSense、Unity 及 Unreal Engine。

在 2017 年的翠贝卡电影节（Tribeca Film Festival）上，有许多令人难以置信的 VR 项目，其中最独特的是 TREEHUGGER，如图 4-98 所示，它能让用户观察一棵树的生命系统。这个应用需要用户使用 VR 设备盯着一棵巨大的红木树，这样就可以看见树木内部从根到茎、干、叶的庞大输水系统。

用户需要穿着触觉反馈背心、在手腕上戴两副控制器，在现实世界中，一个巨大的圆柱体代表这颗参天大树的底部，圆柱体上有洞，以便用户把头伸进树木内部，伸进去后就可以看到一个令人震惊的循环系统。当更加深入树木内部时，触觉反馈套装开始强烈振动，更复杂的五颜六色的光开始出现。不仅如此，还有稳定释放的醉人清新的松树香气。

图 4-98　TREEHUGGER 画面

7．力觉反馈装置

力觉和触觉是两种不同的感知，触觉包括的感知内容更加丰富，如接触感、质感、纹理感及温度感等；力觉反馈装置要求能反馈力的大小和方向，与触觉反馈装置相比，力觉反馈装置更成熟一些。目前已经有的力觉反馈装置有：力量反馈臂、力量反馈操纵杆、笔式六自由度游戏棒等。其主要原理是计算机通过力反馈系统对用户的手、腕、臂等运动产生阻力从而使用户感受到作用力的方向和大小。由于人对力觉感知非常敏感，一般精度的装置根本无法满足要求，而研制高精度力觉反馈装置的成本相当高，这是人们面临的难题之一。

力觉反馈装置的研究开始于 18 世纪初，起初人们使用简单的连杆和绳索来传递运动和力，之后慢慢发展成使用机械臂。后来产生的计算机技术和人们对与虚拟世界进行交互的向往，推动了力觉反馈装置的产生。20 世纪 90 年代初，这些装置主要用于军事仿真研究，如训练士兵模拟射击和驾驶作战。1990 年，Masao Inoue 等人设计出一种具有力觉临场感的机器人系统，其力觉主手即力觉反馈装置采用直角坐标结构，由 3 个相互垂直的滑轨实现位置运动，3 个旋转轴则实现姿态运动。1993 年，麻省理工学院人工智能实验室的

Salisbury 等人开发了一种可以实现点接触的力传递装置,该装置可以用来产生指尖与各种物体交互的感觉,给人们提供了前所未有的精确的力觉激励,人们将其命名为"Phantom 触觉界面"。之后,游戏开发者将其移植到游戏设计中。1997 年,微软公司推出 Direct X5 技术,正式将力反馈技术加入 Windows 程序的开发环境中,标志着力反馈技术趋于成熟和标准化。

力反馈技术已成为虚拟现实技术中的研究重点之一。力反馈设备按照外形尺寸和工作范围空间大体可以分为三类:手指型力反馈设备、手臂型力反馈设备和全身型力反馈设备。

手指型力反馈设备的活动空间比较小,作用的范围仅限于手指关节。控制系统根据手指的舒展程度将适度的力施加到手指上,模拟人手抓握时的状况。CyberGrasp 是 Immersion 公司基于数据手套 CyberGlove 开发的手指型力反馈设备,如图 4-99 所示。CyberGrasp 可以像铠甲一样附在 CyberGlove 上,它是由钢丝绳传递力的外骨架设备,由电机驱动,可以在每个手指上实现最大 12N 的阻尼力,允许操作者的手部在任意范围内运动。CyberGrasp 的缺点是会导致较大的后冲和摩擦力,并且其质量为 350g,长时间佩戴会使人感到疲劳。

图 4-99　CyberGrasp

手臂型力反馈设备的工作空间范围较大,运动的自由度更加灵活,目前开发的此类设备最多。其中最著名的是美国 3D 可触摸(力反馈)解决方案和技术领域中的开发商 SensAble Technologies 公司制造的 PHANTOM 桌面力反馈系统,如图 4-100 所示。

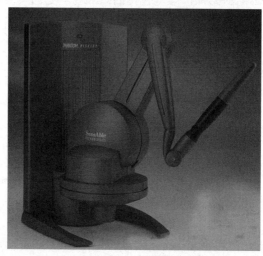

图 4-100　PHANTOM 桌面力反馈系统

PHANTOM 桌面力反馈系统符合人体工程学，提供三自由度的位置感应和三自由度的力反馈，包含被动式的铁笔和万向节套管、电子装置、电机与位置跟踪器所驱动的机械手臂，可与指尖进行点交互，支持所有常用的软件，同时兼具美感，价位低。

与之类似的力反馈设备供应公司还有法国的 Haption 公司。图 4-101 所示为 Haption Virtuose 6D 力反馈机械臂，它带有六自由度的力反馈系统，是特别为虚拟现实工作环境而设计的。由于其大范围的工作空间及高承载力，其能与 CAD 模型进行互动模拟。第二节悬臂末端装有机械腕，可围绕三轴旋转。因此，其触觉感测介面是一个具有六个自由度的装置，每个方向都有力反馈感应。其工作空间可达 45 立方厘米，可以精确感测 $6×10^{-3}$ mm 以内的位置变动。

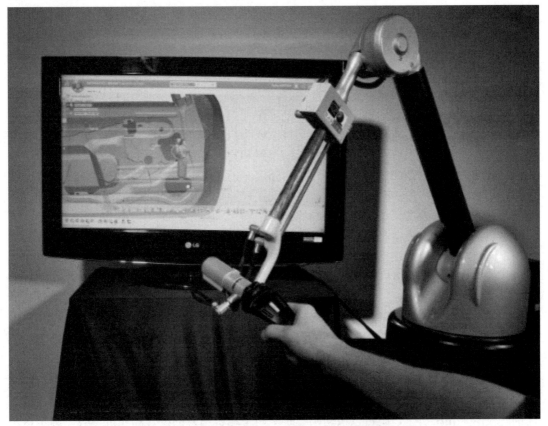

图 4-101　Haption Virtuose 6D 力反馈机械臂

全身型力反馈设备结构最为复杂，但是运动自由度多，运动范围大，在工作时可以调动人体的各个关节。因此，全身型力反馈设备一般比较笨重，操作不太方便。具有代表性的是德国柏林工业大学开发的 Haptic Walker 系统。

8．运动捕捉系统

运动捕捉系统是一种用于准确测量运动物体在三维空间运动状况的高技术设备，它基于计算机图形学原理，通过排布在空间中的数个视频捕捉设备将运动物体的运动状况以图像的形式记录下来，然后使用计算机对该图像数据进行处理，得到不同时间计量单位上不同物体的空间坐标(x,y,z)。

在 VR 系统中为了实现人与 VR 系统的交互，必须确定参与者的头部、手、身体等位置的方向，准确地跟踪测量参与者的动作，将这些动作实时监测出来，以便将这些数据反馈给显示和控制系统。这些工作对 VR 系统来说是必不可少的，也是运动捕捉技术的研究内容。

从技术的角度讲，运动捕捉的实质就是测量、跟踪、记录物体在三维空间中的运动轨迹。典型的运动捕捉设备一般由传感器、信号捕捉、数据传输、数据处理几部分组成。到目前为止，常用的运动捕捉技术按原理可分为机械式、声学式、电磁式和光学式。

机械式运动捕捉依靠机械装置来跟踪和测量运动轨迹。典型的系统由多个关节和刚性连杆组成，在可转动的关节中装有角度传感器，可以测得关节转动角度的变化情况。当装置运动时，根据角度传感器测得的角度变化和连杆的长度，可以得出杆件末端点在空间中的位置和运动轨迹。实际上，装置上任何一点的轨迹都可以求出，刚性连杆也可以换成长度可变的伸缩杆。机械式运动捕捉的一种应用形式是将欲捕捉的运动物体与机械结构相连，物体运动带动机械装置，从而使其运动轨迹被传感器记录下来。这种方法的优点是成本低、精度高、可以做到实时测量，还可以允许多个角色同时表演。但是使用起来不方便，机械结构对使用者的动作阻碍和限制很大。

声学式捕捉设备由发送器、接收器和处理单元组成。发送器是一个固定的超声波发送器，接收器一般由呈三角形排列的三个超声波探头组成。通过测量声波从发送器到接收器的时间或者相位差，系统可以确定接收器的位置和方向。这类装置的成本较低，但对运动的捕捉有较大的延迟和滞后，实时性较差，精度一般不高，声源和接收器之间不能有大的遮挡物，受噪声影响和多次反射等干扰较大。由于空气中声波的传播速度与大气压、湿度、温度有关，所以必须在算法中做出相应的补偿。

电磁式运动捕捉设备是比较常用的运动捕捉设备，一般由发射源、接收传感器和数据处理单元组成。发射源在空间产生按照一定时空规律分布的电磁场，接收传感器安置在使用者的关键位置，使用者在电磁场内运动时，接收传感器也随着运动，并将接收到的信号通过电缆传送给处理单元，处理单元根据这些信号可以计算出每个传感器的空间位置和方向。它对环境的要求比较严格，在使用场地附近不能有金属物品，否则会干扰电磁场，影响测量精度。系统的允许范围比光学式运动捕捉要小，特别是电缆对使用者的活动限制比较大，对于比较剧烈的运动则不适用。

光学式运动捕捉通过对目标上特定光点的监视和跟踪来完成运动捕捉的任务。目前常见的光学式运动捕捉大多基于计算机视觉原理。从理论上说，对于空间中的一个点，只要能同时被两个相机所见，则可以根据同一时刻两个相机拍摄的图像和相机参数，确定这一时刻该点在空间中的位置。当相机以足够高的速度连续拍摄时，从图像序列中就可以得到该点的运动轨迹。这种方法的缺点是价格昂贵，虽然可以实时捕捉运动，但后期处理的工作量非常大，对于光照、反射情况有一定的要求，装置定标也比较烦琐。

9. 眼动追踪技术

眼动追踪技术不仅活跃在虚拟现实的科技浪潮中，还是人机交互、心理学等领域的利器。

根据维基百科的解释，眼动追踪技术是指通过测量眼睛的注视点的位置或者眼球相对于头部的运动而实现对眼球运动的追踪。目的是监测用户在看特定目标时的眼球运动和注视方向，此过程需要用到眼动仪和配套软件。

当人的眼睛看向不同方向时，眼部会有细微的变化，这些变化会产生可以提取的特征，计算机可以通过图像捕捉或扫描提取这些特征，从而实时追踪眼睛的变化，预测用户的状态和需求，并进行响应，达到用眼睛控制设备的目的。

眼动追踪技术历经了一个长期的发展过程。目前热门的眼动追踪技术主要是基于眼睛视频分析的"非侵入式"技术，其基本原理是：将一束光线和一台摄像机对准被测试者的眼睛，通过光线和后端分析来推断被测试者注视的方向，摄像机则记录交互的过程。

眼动追踪技术的主要设备包括红外线设备和图像采集设备。在精度方面，红外线设备有比较大的优势，能在 30 英寸的屏幕上精确到 1 厘米以内，辅以眨眼识别、注视识别等技术，可以在一定程度上替代鼠标、触摸板进行一些有限的操作。此外，其他图像采集设备，如计算机或手机上的摄像头，在软件的支持下也可以实现眼动跟踪，但是在准确性、速度和稳定性上各有差异。

4.4.4　建模技术

为了能够在计算机环境下实现三维物体的真实再现，必须利用三维建模技术精确描绘三维物体。对现实世界的三维物体进行模拟和建模，就是在三维空间中对其形状、材质、色彩、光照及运动等属性进行研究以达到 3D 再现的过程。因此，对三维物体的图形图像处理及模型建立研究是逼真模拟现实环境的关键。

1．三维建模技术的发展

三维建模技术的发展经历了线框建模、曲面建模、实体建模、特征建模、参数化建模、变量化建模，以及当今正在研究的产品集成建模、行为建模等发展过程。

20 世纪 60 年代出现的三维 CAD 系统只是极为简单的线框式系统，只能表达基本的几何信息，不能有效表达几何数据间的拓扑关系。由于缺乏形体表面信息，计算机辅助制造及计算机辅助工程均无法实现。法国人 Bezier 提出了一种参数曲线表示方法，即贝塞尔算法，使得人们在使用计算机处理曲线及曲面问题变为可能，同时使得法国的达索飞机制造公司的开发者能在二维绘图系统的基础上，开发出以表面模型为特点的自由曲面建模方法，推出了三维曲面造型技术。

20 世纪 80 年代到 90 年代初，由于计算机技术的大跨步前进，CAE、CAM 技术也开始有了较大发展。在以后的 10 年中，随着硬件性能的提高，实体造型技术又逐渐为众多 CAD 系统所采用。实体建模是指定义一些基本体素，通过基本体素的集合运算或变形操作生成复杂形体的一种建模技术。其特点是三维立体的表面与其实体同时生成。实体建模能够定义三维物体的内部结构形状，因此能完整地描述物体的所有几何信息和拓扑信息，包括物体的体、面、边和顶点的信息。

实体模型的构造常常采用在计算机内存储一些基本体素（如长方体、圆柱体、球体、锥体、圆环体及扫描体等），通过集合运算（布尔运算）生成复杂形体。实体建模主要包括两部分：体素的定义及描述和体素的运算（并、交、差）。体素是现实生活中真实的三维实体，根据体素的定义方式，可分为两大类：基本体素和扫描体素。

基本体素有长方体、球、圆柱、圆锥、圆环、锥台等，如图 4-102 所示。

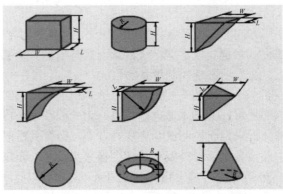

图 4-102　基本体素

扫描体素又可分为平面轮廓扫描体素和三维实体扫描体素。利用基体的变形操作实现表面形状较为复杂的物体的建模方法称为扫描法，扫描法又分为平面轮廓扫描和整体扫描两种方法。基本原理是用曲线、曲面或形体沿某一路径运动后生成 2D 或 3D 的物体。

三维实体建模能唯一、准确、完整地表达物体的形状，且容易理解和实现，因而被广泛应用于设计和制造中。

特征建模技术被誉为三维建模史上的里程碑。特征是一种综合概念，它作为产品开发过程中各种信息的载体，除包含零件的几何拓扑信息外，还包含设计制造等过程所需要的一些非几何信息，如材料信息、尺寸、形状公差信息、热处理及表面粗糙度信息和刀具信息等。因此，特征包含丰富的工程语义，是在更高层次上对几何形体上的凹腔、孔、槽等的集成描述。

参数化建模一般应用在优化技术上，通过将模型参数化，优化过程中不断对其进行迭代而求出最佳解。参数化建模是参数（变量）而不是数字建立和分析的模型，通过简单改变模型中的参数值就能建立和分析新的模型。参数化建模的参数不仅可以是集合参数，还可以是温度、材料等属性参数。

参数化技术的成功应用，使得它在 20 世纪 90 年代前后几乎成为 CAD 业界的标准，许多软件厂商纷纷起步追赶。

变量化技术（VGX）扩展了变量化产品结构，允许用户对一个完整的三维数字产品从几何造型、设计过程、特征到设计约束，都可以进行实时直接操作。对于设计人员而言，采用 VGX，就像拿捏一个真实的零部件面团一样，可以随意塑造其形状，而且随着设计的深化，VGX 可以保留每一个中间设计过程的产品信息。VGX 为用户提出了一种交互操作模型的三维环境，设计人员在零部件上定义关系时，不再关心二维设计信息如何变成三维，从而简化了设计建模的过程。采用 VGX 的优势在于，原有的参数化基于特征的实体模型，在可编辑性及易编辑性方面得到极大的改善和提高。当用户准备对预期的模型进行修改时，不必深入理解和查询设计过程。

行为建模技术是在设计产品时，综合考虑产品要求的功能行为、设计背景和几何图形，采用知识捕捉和迭代求解的一种智能化设计方法。通过这种方法，设计者可以面对不断变化的要求，追求高度创新的、能满足行为和完善性要求的设计。

2．常用三维建模软件

在三维建模行业中，Autodesk、Discreet、Avid、Alias 这几家公司占有举足轻重的地位。

Autodesk 公司诞生于 1982 年，总部位于美国硅谷，是世界领先的设计软件和数字内容创建公司。成立当年，公司研发的产品 AutoCAD 面市。1985 年，Autodesk 成为首家上市的 PC CAD 公司。1987 年，Autodesk 销售出第 10 万套 AutoCAD 软件。

Autodesk 中国应用开发中心（China Application Development Center）于 2003 年 10 月 29 日成立于上海，由此，中国将不再只是 Autodesk 产品的销售地，而是 Autodesk 公司重要的研发基地，直接负责 Autodesk 公司主流软件产品的研发。

Discreet 公司位于加拿大蒙特利尔，是 Autodesk 的一个分公司，于 1999 年 Autodesk 将 Discreet Logic 并购后成立，并将原来旗下的 Kinetix 公司并入其中。Discreet 公司在全球范围提供先进的制作工具，这些制作工具主要被应用于四个平行的市场：后期制作、广播电视、游戏动画开发及 Web 内容制作。

Avid 技术公司（Avid Technology）是一家美国公司，专门从事视频和音频制作技术服务，特别是数字非线性编辑系统管理和分发服务。该公司于 1987 年成立并在 1993 年成为一家上市公司，其总部设在马萨诸塞州伯灵顿。Avid 技术公司开发的 SOFTIMAGE 3D，成为当时的三维设计软件霸主。

用 SOFTIMAGE 3D 创建和制作的作品占据了娱乐业和影视业的主要市场，《泰坦尼克号》《失落的世界》《第五元素》等电影中的很多镜头都是由 SOFTIMAGE 3D 制作完成的，它创造了惊人的视觉效果。

2008 年，全球二维、三维数字设计软件业领导者 Autodesk 公司宣布签署协议，将全面并购 Avid 技术公司旗下为影视及游戏市场开发三维技术的 SOFTIMAGE 子公司的全部商业资产（市值约为 3500 万美元）。此次并购将进一步增强 Autodesk 公司在传媒娱乐行业的实力，完善其数字娱乐和可持续通信类产品线及解决方案，为 Autodesk 公司强大的可视设计及视觉特效帝国扩充新军。

2009 年，Autodesk 公司正式发布用于视觉特效和游戏制作的软件 Autodesk Softimage 7.5，此举标志着 Autodesk 公司从 Avid 技术公司收购的知名三维软件 SOFTIMAGE 3D 正式更名为 Autodesk Softimage。

Alias 作为世界领先 3D 图形技术提供商，为汽车、工业设计和可视化市场及电影、视频、游戏、网络、互动媒体和教育市场开发了众多获奖软件，并提供了众多定制开发和培训解决方案。

1983 年，在数字图形界享有盛誉的 Stephen Bindham、Nigel-McGrath、Susan McKenna 和 David Springer 在加拿大多伦多创建了数字特技公司，研发影视后期特技软件，由于第一个商业化的程序是有关 Anti-alias 的，所以公司和软件都叫 Alias。

1984 年，Mark Sylvester、Larry-Barels、Bill Ko-vacs 在美国加利福尼亚州创建了数字图形公司，由于爱好冲浪，因此将其命名为 Wavefront。

1985 年，Alias 与 Wavefront 公司正式合并，成立 Alias|Wavefront 公司。

1998 年，经过长时间研发的第一代三维特技软件 MAYA 终于面世，它在角色动画和特技效果方面都处于业界领先地位。

2006 年 1 月 10 日，Autodesk 公司宣布以 1.97 亿美元完成对 Alias 公司的收购。

1）MAYA

MAYA 是美国 Alias|Wavefront 公司出品的世界顶级的三维动画软件，其应用对象是专业的影视广告、角色动画、电影特技等。MAYA 功能完善，工作灵活，易学易用，制作效

率极高，渲染真实感强，是电影级别的高端制作软件。其售价高昂，声名显赫，是制作者梦寐以求的制作工具。可以说，掌握了 MAYA，会极大地提高制作效率和品质，调节出仿真的角色动画，渲染出电影般的真实效果，从而向世界顶级动画师迈进。

MAYA 集成了 Alias|Wavefront 最先进的动画及数字效果技术，不仅包括一般三维和视觉效果制作的功能，而且与最先进的建模、数字化布料模拟、毛发渲染、运动匹配技术相结合。MAYA 可以在 Windows NT 与 SGI IRIX 操作系统上运行。在目前市场上用来进行数字和三维制作的工具中，MAYA 是首选解决方案。

MAYA 制作了无数的特效大片，如《精灵鼠小弟》《最终幻想》。它的前身是 Alias 和 Wavefront 的几大软件：Studio Tools、Alias Power、Animator、WavefrontTDI 等。MAYA 分三个版：MAYA Buider 应用在以 Polygon 为基础的游戏开发和网络 3D 方面，MAYA Complete 是三维艺术家的动画和视觉特效软件，MAYA Unlimited 是高级的数字化制作工具。

《星战前传》《黑客帝国》《神鬼传奇》《精灵鼠小弟》及全三维动画巨作《恐龙》的出现，使整个三维产业为之震撼，其中部分作品都要归功于 MAYA 的鼎力支持。《蚁哥正传》《虫虫特工队》《怪物史莱克》《怪物公司》等越来越多的纯三维片的出现给整个影视业带来了新的生机，以 Disney、Pixar、索尼、DreamWorks、PDI 为首的大型制片公司不断地推出自己的大作，在得到观众的叫好声后，MAYA 也为公司创下了巨额收入。

自从 Alias 被 Autodesk 公司收购后，MAYA 陆续推出了 MAYA 8.0、MAYA 8.5 和 MAYA 2008，软件版本的更新使用户的工作效率和工作流程得到极大的提升和优化。

2021 年 3 月，MAYA 2022 版本面世，旨在帮助美工人员提高工作效率并增强协作。此版本提供了适用于 MAYA 的 USD（通用场景描述）插件，还对 MAYA 的动画、绑定和建模工具进行了更新，新增了对 Python 3 的支持，提供了基于 Bifrost 和 MtoA 的新插件，有很多方面让美工人员和技术主管都感到颇为满意。

MAYA 新增加的 USD 插件，使美工人员可以将 USD 与 MAYA 工作流无缝地结合使用，如图 4-103 所示。如此一来，MAYA 用户可以更好地优化 Pipeline，更灵活、更规模化地传输和集成 3D 资产文件。在 MAYA 中，用户不仅可以闪电般地加载和编辑大量数据集，还可以使用 MAYA 的本机工具直接处理数据。

图 4-103　USD 与 MAYA 结合

使用重影编辑器（Ghosting Editor），可以创建回显动画的图像，从而使已设置动画的对象随时间的移动和位置变化实现可视化，如图 4-104 所示。

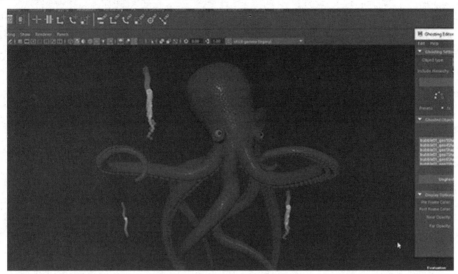

图 4-104 重影编辑器应用

变形器的组件标记可用于创建与节点无关的命名组以对几何体进行变形，从而允许用户即时修改标记成员身份。使用组件标记可替换以前变换顶点所需的 GroupID 节点，并通过消除、调整节点来清理节点编辑器（Node Editor）。当创建变形器时，系统会自动创建组件标记节点，其中包含选定组件的子集。

默认情况下，适用于 Windows 和 Linux 的 MAYA 现在将以 Python 3 模式启动。Python 3 可用于所有平台。对于 Windows 和 Linux，按照更新后的 MAYA 中的 Python 部分中的说明，仍能够以 Python 2 模式启动 MAYA。

MAYA 2022 提供 Bifrost 2.2.1.0，其中包括可增强模拟工作流的新功能。例如，从磁盘上的缓存帧恢复模拟的功能，在模拟中繁殖新粒子的功能，以及细化低分辨率 Aero 模拟的功能。此版本的 Bifrost 通过启用选择性算法来继续改进终端，这样用户就可以等渲染完成后再执行大量计算。

新的扫描网格（Sweep Mesh）功能可以从简单的曲线形状创建网格；Rokoko 运动库插件可以直接将专业制作的运动捕捉资产拖放到场景中；使用新的固化变形器，可以在变形几何体上创建看起来比较坚固的几何体区域，从而可以定义角色衣服的刚性部分，如纽扣或皮带扣；MAYA 集成了 OpenColorIO v2，以实现一流的颜色管理。Open Color IO v2 是一款完整的颜色管理解决方案，适用于电影制作，尤其体现在视觉特效和计算机动画方面。Create VR for MAYA 是一款沉浸式概念设计工具，可供美工人员和设计师直接在三维环境中开始他们的创意之旅。

MAYA 常用渲染器有 Mental Ray、Arnold 和 VRay 等。早期国内覆盖率和使用率最高的渲染器是 Mental Ray。Mental Ray 常年内置在 MAYA 中，导致大家都熟悉并习惯了这个渲染器。但是由于 Mental Ray 渲染速度慢，Arnold 从 MAYA 2017 开始取代了 Mental Ray，成为 MAYA 内置的高级渲染器。Arnold 架构比较新颖，可以一键开关，操作方便，在渲染大场景、置换、运动模糊、景深、毛发等方面具有优势。

2）3D Studio Max

3D Studio Max，简称 3ds Max，是由 Discreet 公司（后被 Autodesk 公司合并）开发的基于 PC 系统的三维动画渲染和制作软件。其前身是基于 DOS 操作系统的 3D Studio 系列软件。在 Windows NT 出现以前，工业级的 CG 制作被 SGI 图形工作站垄断。"3D Studio Max + Windows NT"组合的出现降低了 CG 制作的门槛，3D Studio Max 开始被应用于计算机游戏中的动画制作，之后进一步开始参与影视片的特效制作。

在 Discreet 3ds Max 7 之后，3D Studio Max 正式更名为 Autodesk 3ds Max。

1990 年，Autodesk 公司成立多媒体部，推出了第一个动画制作软件 3D Studio。

1996 年 4 月，3D Studio MAX 1.0 诞生，这是 3D Studio 系列的第一个 Windows 版本。

2002 年 6 月，3ds Max 5 版本分别在波兰、西雅图、华盛顿等地举办的 3ds Max 5 演示会上发布。3ds Max 5 在动画制作、纹理、场景管理工具、建模、灯光等方面都有所提高，它加入了骨头工具（Bone Tools）和重新设计的 UV 工具。

2004 年 8 月，Discreet 公司发布 3ds Max 7。这个版本是在 3ds Max 6 的基础上进化而来的。3ds Max 7 为了满足业内对威力强大且使用方便的非线性动画工具的需求，集成了获奖的高级人物动作工具套件 Character Studio。从这个版本开始，3ds Max 正式支持法线贴图技术。

2008 年 2 月，Autodesk 公司宣布推出 Autodesk 3ds Max 建模、动画和渲染软件的两个新版本，即面向娱乐专业人士的 Autodesk 3ds Max 2009 软件和首次推出的 3ds Max Design 2009 软件，这是专门为建筑师、设计师及可视化专业人士量身定制的 3D 应用软件。Autodesk 3ds Max 的两个版本均提供了新的渲染功能，增强了与包括 Revit 软件在内的行业标准产品之间的互通性，增加了更多的节省大量时间的动画和制图工作流工具。3ds Max Design 2009 还提供了灯光模拟和分析技术。

2021 年 3 月，最新版本 3ds Max 2022 面世，新版本对功能进行了全面革新，增加了很多新功能，可以帮助用户创造宏伟的游戏世界，布置精彩绝伦的场景以实现设计可视化。

当智能挤出增强功能在可编辑多边形或编辑多边形修改器上通过按住 Shift 键并拖动来执行挤出时，将提供两种新操作。当执行向内挤出时，"智能挤出"现在可以切割和删除网格任意部分的面，结果将完全延伸到该面上。生成的孔将被重新缝合到周围的面上。此操作和布尔减法类似，但是在多边形组件上执行的。当执行向外挤出时，如果向外挤出结果全部进入网格任意元素的另一面，则相交结果将被缝合在一起以形成清晰的结果。此操作和布尔并集类似，但是在多边形组件上执行的。智能挤出应用效果如图 4-105 所示。

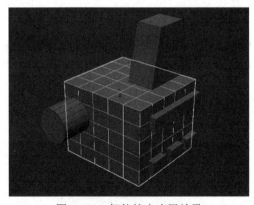

图 4-105　智能挤出应用效果

切片修改器已更新，其中包含许多有助于建模的新功能，如图 4-106 所示。这些增强功能和新功能是 3ds Max 工作流程的强大补充，因为它们减少了 3ds Max 中 Autodesk Retopology Tools 的数据处理操作。

封盖：现在可以在"网格"和"多边形"对象上沿"切片"操作创建的裸眼的边界边缘封顶。

多轴切割：基于切片 Gizmo 的位置，通过单个修改器执行 X，Y 和 Z 对齐的网格平面切片。

放射状切片：新的放射状切片操作可基于一组用户定义的最小和最大角度来控制切割结果。

对齐选项：将切片 Gizmo 快速与对象上的面对齐，或参考场景中的另一个可用于动画处理的对象。

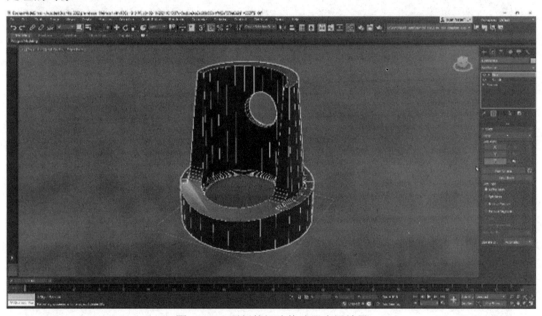

图 4-106　更新的切片修改器应用效果

对称修改器 Symmetry 是 3ds Max 中常用的建模修改器，其中包括使 3ds Max 中的建模和拓扑工作流受益的新功能和增强功能，对称修改器现在可以产生更快的结果，并在视口中提供更多的交互体验，如图 4-107 所示。

新版本更新了平面对称，可以在对称 Gizmo 上执行 X，Y 和 Z 对称结果；新的径向对称性功能使艺术家可以快速复制和重复 Gizmo 中心周围的几何图形，这项基于用户反馈的新功能使艺术家可以快速创建新的变体。

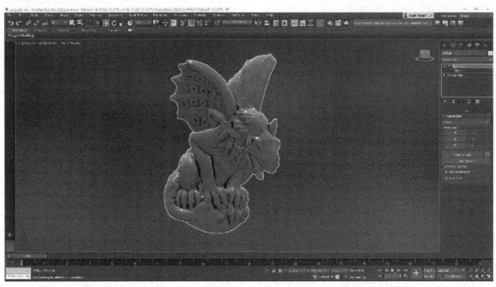

图 4-107　更新的对称修改器应用效果

　　3ds Max 2022 包括"体积保留"选项，该选项可以平滑模型上的细节和噪波，同时保留其形状和清晰度。该选项已被添加到"松弛"修改器中。激活后，Relax 算法将执行附加计算，以减少模型中的细小细节和噪点，同时保留已应用修改器的整个网格的形状和定义。"体积保留"选项应用效果如图 4-108 所示。

　　当使用包含大量不需要的小或微表面细节的数据时，此功能特别有用，如"扫描"和"雕刻"数据。使用 Relax 减少这种小的"嘈杂"数据可以缩短 3ds Max 版 Autodesk Retopology Tools 的处理时间。

图 4-108　"体积保留"选项应用效果

　　新版本的更新功能还包括：挤出修改器已得到改进，能以交互方式快速实现更好的结果；"烘焙到纹理"包括一些预配置的贴图，可简化频繁的烘焙操作；视口可以更好地控制环境光阻挡和浮动视口窗口等。

在使用的渲染器方面，3ds Max 2018 内置的渲染器由 Arnold 渲染器替换了之前的 Mental Ray 渲染器。V-Ray 渲染器首先被用在 3ds Max 软件上，后来才被用于 MAYA，它在速度上有着非常不俗的表现，其卓越的效果被用户津津乐道。

将 MAYA 和 3ds Max 两款软件进行比较，二者在以下方面存在一些区别。

从软件架构上讲，3ds Max 的前身 3D Studio 是 DOS 平台下的三维软件，运行于微软操作系统，不能跨平台使用。3ds Max 更近乎是个一体成型的工具，对特定领域如建筑、游戏等方面的功能进行了集成，使用方便。如果在 3ds Max 中想要复杂、高端和可控的功能，则需要依赖不同的插件。MAYA 的前身是 Alias 公司的三维软件，可以跨平台应用，兼容性高，可以在 Linux、Mac 和 Windows 平台使用。MAYA 具有超强的可拓展性。

从应用领域上讲，MAYA 在影视领域有卓越的表现，MAYA 在项目中可以完美实现项目之间的配合和运作，适用于影视动画公司的一些大规模的生产运作。所以影视公司和动画公司应用 MAYA 较多。3ds Max 的操作逻辑类似于 AutoCAD，其建模制作流程比较成熟，表现突出。因此，3ds Max 的使用领域多以室内设计、建筑景观、产品设计、游戏制作等为主。

从软件操作便利性方面看，MAYA 界面风格清新，层级清晰，操作比较灵活，但 MAYA 项目制作多用英文，对于初学者有一定难度；3ds Max 界面布局较为生硬，插件多，层级关系略显杂乱，但很多功能封装比较智能，且项目开发者多用中文，初学者容易上手。

从应用的渲染器方面看，绝大部分的渲染器都已经支持这两个主流软件。

3）ZBrush

ZBrush 是一个数字雕刻和绘画软件，如图 4-109 所示，它以强大的功能和直观的工作流程改变了整个三维行业。在一个简洁的界面中，ZBrush 为当代数字艺术家提供了世界上最先进的工具。ZBrush 能够雕刻高达 10 亿多边形的模型，可以说，限制只取决于艺术家自身的想象力。

图 4-109　ZBrush 界面

ZBrush 软件是一款让艺术家自由创作的 3D 设计工具。它将三维动画中最复杂、最耗费精力的角色建模和贴图工作，变成了像小朋友玩泥巴那样简单有趣的事情。艺术家可以通过手写板或者鼠标来控制 ZBrush 的立体笔刷工具，自由自在地随意雕刻自己头脑中的形象。细腻的笔刷可以轻易塑造出皱纹、发丝、青春痘、雀斑之类的皮肤细节，包括这些微小细节的凹凸模型和材质。ZBrush 不但可以轻松塑造出各种数字生物的造型和肌理，而且可以把这些复杂的细节导出成法线贴图和展开 UV 的低分辨率模型。这些法线贴图和低分辨率模型可以被所有的大型三维软件识别和应用。

对于绘制操作，ZBrush 增加了新的范围尺度，可以给基于像素的作品增加深度、材质、光照和复杂精密的渲染特效，真正实现了 2D 与 3D 的结合，模糊了多边形与像素之间的界限。

屡获殊荣的 ZBrush 软件制造商 Pixologic 公司宣布推出了最新版 ZBrush 2019。

ZBrush 2019 通过引入非真实感渲染（NPR），使艺术家能够通过复制手绘 2D 感觉和外观的草图样式，以全新的方式查看其 3D 艺术作品。ZBrush 2019 的添加叠加纹理功能，使得应用半色调纸张样式、在 3D 模型周围绘制黑色轮廓或应用多个内置纹理成为可能，如图 4-110 所示。可以说 ZBrush 2019 中新的 NPR 渲染系统打开了整个艺术可能性的世界。

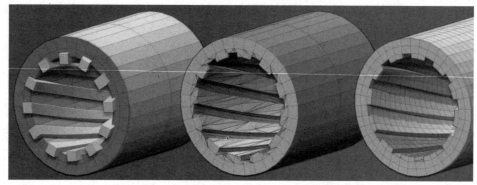

图 4-110　ZBrush 2019 添加叠加纹理功能

ZBrush 2019 提供了创建 3D 模型的全新方法——Snapshot 3D。早期的 ZBrush 版本引入了将任何纹理的颜色信息投影到雕刻表面上的功能，以及将相同的纹理应用于任何模型的表面作为雕刻细节。Snapshot 3D 以令人兴奋的方式演变了这一功能。只需创建或导入任何灰度图像（Alpha），即可将其转换为 3D 模型（网格），如图 4-111 所示。新的网格可以作为雕刻的基础，以创建复杂的艺术作品。艺术家还可以将布尔型加法或减法函数应用于 2D 图像，可以将该新合并的图像转换为原始 3D 模型，如图 4-112 所示。

图 4-111　ZBrush 2019 Snapshot 3D 功能

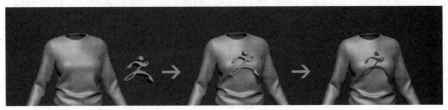

图 4-112　ZBrush 2019 布尔型运算

4）CINEMA 4D

CINEMA 4D（简称 C4D）是由德国 Maxon Computer 公司开发的一款三维制作软件，它以极高的运算速度和强大的渲染插件著称，很多模块的功能在同类软件中代表科技进步的成果，并且在用其描绘的各类电影中表现突出。随着其技术越来越成熟，C4D 受到越来越多的电影公司的重视，可以预见，其前途必将更加光明。

C4D 的前身是 1989 年发布的软件 FastRay，最初只发布在 Amiga 上，Amiga 是一种早期的个人计算机系统。1991 年，FastRay 更新到了 1.0 版本。当时软件还没有涉及三维领域。1993 年，FastRay 更名为 CINEMA 4D v1.0，仍然在 Amiga 上发布。1996 年，CINEMA 4D V4 发布 Mac 版与 PC 版。

2006 年，CINEMA 4D R10 发布，包含建模、动画、渲染、角色、粒子及新增的插画等模块，它提供了一个完整的 3D 创作平台。

2019 年 7 月，Maxon Computer 公司宣布推出 CINEMA 4D R21，这是其专业 3D 建模、动画和渲染软件解决方案的新一代产品。该软件引入了强大的新功能，包括全新的封盖和倒角系统，改进了动力学的域力场。软件还引入了 Maxon Computer 公司的 "3D for the Whole World" 计划，旨在令专业的 3D 软件位于每个有抱负的艺术家触手可及的范围内。

C4D 的特点在于兼容性更强，可以兼容市面大部分的 3D 格式。C4D 属于后起之秀，在 MAYA、3ds Max 之后才出现的 C4D，面对传统的 3D 软件，博采众长，散发出勃勃生机。

C4D 界面简洁，如图 4-113 所示，用户上手比较容易，不需要很高配置的计算机就可以流畅运行。

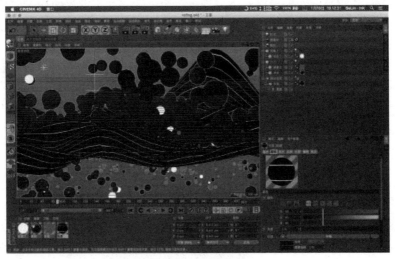

图 4-113　C4D 界面

C4D 材质系统提供了 14 种不同的通道，所以细节更加丰富多样化，用户可以使用图片和视频来制作材质的贴图，可以利用带有图层的 PSD 文件制作，可以通过 C4D 中的高级材质通道使用多个图层定义材质的各种属性，几乎每个属性都可以添加纹理遮罩，这样材质会更加逼真。

C4D 的照明系统可以轻松改变光效的颜色、亮度、衰减和其他属性，还可以调整阴影密度和颜色等，其中包括自带的物理天空效果，用户可以轻松制作自然户外环境，并且可以添加云、雾、大气等。

C4D 创建的摄影机包括摇臂摄影机和人肩扛着的摄影机，C4D 可以用来模拟实际拍摄时摄影机的真实感。

C4D 自带运动追踪系统，可以直接分析摄像机运动的轨迹，以及视频画面里的追踪点，建立一个点状的 3D 空间，可以直接把软件内的 3D 物体拖拽到里面，即使是 3D 动画也可以很好地融入进去，从而增强 3D 物体的现实性，这对 AE 制作 3D 特效起到了简约流程、提高效率的作用。

目前，利用计算机模型制作三维图形的技术已经十分成熟，但是在虚拟现实系统中，要求这些三维图形能够达到实时的目的并不容易。例如，在飞行虚拟系统中，想要达到实时的目的，图像的刷新频率必须达到一定的速度，同时对图像的质量有很高的要求，再加上复杂的虚拟环境，想要实现实时三维图形生成变得更加困难。因此，图像刷新频率和对图像质量的要求是该技术的主要内容。

4.4.5 虚拟现实开发引擎

虚拟现实的产品及应用呈现了井喷式增长，虚拟现实会议、论坛、新品发布会、实体体验让人应接不暇。而开发虚拟现实的软件系统，即虚拟现实引擎，也在快速地迭代更新。

常用的虚拟现实开发引擎有以下几种。

1）VRML

VRML（Virtual Reality Modeling Language，虚拟现实建模语言）被称为虚拟现实引擎的鼻祖。VRML 其实是一套虚拟现实语言规范，用于建立真实世界的场景模型或人们虚构的三维世界的场景建模。1997 年 12 月，VRML 作为国际标准正式发布，1998 年 1 月正式获得国际标准化组织 ISO 批准，这意味着 VRML 已经成为虚拟现实行业的国际标准。

VRML 定义了一系列对象来实现三维场景、多媒体及交互性。这些对象被称为"节点"（Node），节点包含的基本元素有"域"（Field）和"事件"（Event），域是节点中包含的参数，事件用于参数的传递。域和事件是 VRML 节点用来定义对象性质的基本属性。定义包括名称、功能类型、数值类型及缺省值，定义没有顺序差别。从数据结构上讲，它们可以分成两类：其中一类只包含一个值（一个值可以是一个数、一个矢量，或者一幅图像、另一个点），而另一类可以包含多个值，可以将其看作数组。单值的域或事件的数值类型命名以 SF 开头，多值的域或事件数值类型命名以 MF 开头。

VRML 的特点是文件小，灵活度强，比较适合网络传播，但画面效果比较差，适用于网络上不需要精致画面效果的产品开发。使用 VRML 实现的引擎比较著名的有 Cortona3D。

Cortona3D 具有专用的建模工具和动画互动制作工具，支持其他建模软件制作的模型文件，并可以进行优化，文件小，互动性较强，比较适合制作工业方面的作品。Cortona3D

是基于 3D 模型的交互式技术文档创建系统，利用 Cortona3D 可以快速创建产品技术文档，如产品目录手册、操作手册、维修手册及员工培训手册等。

Cortona3D 创建的技术文档完全颠覆传统的技术文档，它不再是枯燥的文字和简单的插图，而是极易理解的 3D 交互式文档。创建培训手册是 Cortona3D 的一大亮点。Cortona3D 创建的培训手册将产品操作中的注意事项、已有经验等融入培训文档中，迅速提升员工技术水平，并能检验员工的学习效果，考核员工是否真正掌握相关技能。

2）Virtools

Virtools 简称 VT。法国拥有许多技术顶尖的小型三维引擎或平台公司，Virtools 公司开发的三维引擎 Virtools 成为微软 Xbox 的认可系统。其特点是方便易用，应用领域广，可以让没有程序基础的美术人员通过内置的行为模组快速生成自己想要的游戏类型。Virtools 主要经由一个设计完善的图形使用者界面，使用模块化的行为模块撰写互动行为元素的脚本语言，制作出许多不同用途的产品，如计算机游戏、交互式电视、教育训练课程等。

Virtools 制作具有沉浸感的虚拟环境，对参与者生成诸如视觉、听觉、触觉、味觉等各种感官信息，给参与者一种身临其境的感觉，具有很好的人机交互功能。许多大型游戏制作公司，如 EA 和 SONY Entertainment，都使用 Virtools 快速地制作游戏产品的雏形。

起初 Virtools 被定义为游戏引擎，后来主要用于虚拟现实。Virtools 扩展性好，可以自定义功能，可以接外设硬件（包括虚拟现实硬件），网上评论 Virtools 的互动几乎无所不能。

2004 年，Virtools 推出了 Virtools Dev 2.1 实时三维互动媒介创建工具，并被引进中国，得到迅速发展。随后越来越多的多媒体技术公司（如水晶宫和奇士等）开始应用 Virtools 开发产品，其汉语教材和相关项目的从业经验已经非常丰富成熟。

Virtools 公司于 2010 年推出了 Virtools Dev 5.0，其产品系列包括 Virtools PhysicPack、Virtools AI Pack、Virtools Server、Virtools VR Pack、Virtools Xbox Kit、Virtools CAD Pack，这一系列的周边产品丰富了 Virtools 的开发能力。

Virtools 被网上世博会指定为专用引擎。全世界目前有超过 270 所大学使用 Virtools。

3）Quest3D

Quest3D 是由荷兰 Act-3D 公司开发的一款非常优秀的实时 3D 建构工具，在业界以效果出色而闻名。该引擎图形用户界面友好，所有的编辑器都是可视化、图形化的，所见即所得，使得开发者可以更专注于美工与互动，而不用担心程序错误。通过 Quest3D，开发者可以快速创建模型、修改纹理、修改照明系统和更改环境，大大提高工作效率。

Quest3D 拥有一款强大的编辑器，开发者几乎可以不用手写代码，就能创建出图形应用程序。通过 Quest3D 编辑器，简单编辑便能展示出令人惊叹的高质量的图形效果，它拥有真实的物理引擎，可以仿真物理模型，支持力反馈设备，目前最新版本为 Quest3D 6.0。

4）Unity3D

Unity3D，也被称为 U3D，是虚拟现实技术开发引擎的后起之秀，受到业内的广泛关注。Unity3D 由 Unity Technologies 公司开发，公司总部设在美国加利福尼亚州的旧金山，在加拿大、中国、哥伦比亚、丹麦、芬兰、德国、日本、韩国、立陶宛、新加坡、瑞典、乌克兰和英国都设有分支机构。

2004 年，Unity Technologies 公司成立，旨在使世界上的开发者能够更简单地开发出自己的游戏。一年后，Unity 1.0 正式发布，但当时仅作为一款面向 macOS 系统的游戏引擎，并没有引起诸多从业者的注意。随着 2006 年 Windows Vista 系统引发的双核、大内存、大硬件时代的到来，Unity3D 顺应时代潮流于 2009 年 3 月，在发布的 Unity 2.5 版本中加入了对 Windows 系统的支持。自此之后，Unity3D 大放异彩，开启了属于自己的新纪元。

Unity3D 可以使开发者轻松创建诸如三维视频游戏、建筑可视化、实时三维动画等类型的互动内容。Unity3D 编辑器可以运行在 Windows 和 Mac OS X 下，用户可发布游戏至 Windows、Mac、Wii、iPhone、WebGL、Windows Phone 8 和 Android 平台，也可以利用 Unity Web Player 插件发布网页游戏，支持 Mac 和 Windows 的网页浏览。

2012 年，优美缔软件（上海）有限公司成立，标志着 Unity3D 从此正式登陆中国市场。据了解，Unity3D 全球开发者超过 300 万个，有 1/4 的开发者在中国，超过 5000 家游戏公司和工作室在使用 Unity3D 开发产品。Unity3D 引擎占据游戏引擎市场 45％的份额，居全球首位。全世界有 6 亿个玩家在玩使用 Unity3D 引擎制作的游戏。

Unity3D 于 2018 年 11 月，凭借与迪士尼合作的《大白的梦》获得首个技术与工程艾美奖，即"最佳动画制作的 3D 软件"的殊荣。

Unity 2019.1 版本于 2019 年 4 月发布。这一版本的 Unity、Scriptable Render Pipeline（SRP）和 Lightweight Render Pipeline（LWRP）结束预览阶段，迎来正式版本。SRP 最初通过 Unity 2018.3 与用户见面，可帮助开发者根据硬件配置文件优化应用程序，而 LWRP 是一种 SRP 预设，旨在支持移动设备运行高质量的 3D 内容，尤其是 AR 和 VR 体验。

随后 Unity 2019.2 版本发布，提供了超过 170 种的更新和改进，特定的 VR／AR 增强功能将有助于开发人员进行身临其境的设计，其中包括对 Unity 的高清渲染管道（HDRP）的 VR 支持。

Unity Technologies 公司发布了一个名为 AR Foundation 的专用解决方案。AR Foundation 支持面部跟踪、2D 图像跟踪、3D 对象跟踪、环境探测及 ARKit 和 ARCore。面部跟踪功能可以检测到面部的网格及混合形状信息，这些信息可以输入面部动画装备。Face Manager 负责配置面部跟踪设备，并为每个检测到的面部动画创建 GameObject。2D 图像跟踪功能可以检测环境中的 2D 图像。Tracked Image Manager 自动创建表示所有已识别图像的 GameObject。3D 对象跟踪可以将现实世界对象的数字表示导入 Unity3D 进行体验并在环境中检测。跟踪对象管理器为每个检测到的物理对象创建 GameObject，以使体验能够根据特定现实世界对象的存在进行更改。除了游戏，此功能还可用于构建教育和培训体验。环境探测器可以检测环境特定区域的照明和颜色信息，这有助于使 3D 内容与周围环境无缝融合，Environment Probe Manager 使用此信息在 Unity 中自动创建立方体贴图。动作捕捉功能可以捕捉人的动作，人体管理器检测相机框架中识别的人的 2D（屏幕空间）和 3D（世界空间）表示。人物遮挡功能可以实现更真实的 AR 体验，将数字内容融入现实世界。人体管理器使用深度分割图像来确定某人是否遮挡在数字内容的前面。协作会话功能支持多个连接的 ARKit 应用程序分享对环境的理解，实现多人游戏和协作应用程序功能。

Unity3D 同时提供 AR Foundation 项目的示例，包括 LWRP 的示例，并已经将其托管至 GitHub。Unity Technologies 公司的高级产品市场营销经理 Thomas Krogh-Jacobsen 在博文中表示："AR Foundation 允许 Unity3D 开发者快速地着手构建 AR 项目。开发者可以选择要添加至体验中的功能，然后只需构建一次即可将所需功能部署于 ARKit 和 ARCore 设备。AR Foundation 可以帮助开发者克服最大的 AR 开发挑战。"

根据 Unity Technologies 官方介绍，除了深扎于游戏开发领域，Unity3D 正在全面渗透工业、影视、动画、新媒体艺术等诸多领域。

2020 年，Unity 加大了对建立高质量创作环境的投入，以期提高用户生产力、提升开发流程与运行体验的性能表现，改变了软件包生命周期中功能完成度的标签划分法，更好地表达出软件包的稳定性与功能性。

面向数据技术栈（DOTS）的开发仍在继续，Burst Compiler 与 C# Job 系统已经同时登陆 2020 LTS 和 2021.1 Tech Stream（2021 年 3 月，Unity 2020 LTS 与 Unity 2021.1 Tech Stream 版双双上线）。而 DOTS 的三个支柱功能除这两者外，还有一个实体系统（Entities）。

实体系统是向高性能游戏创作的演化产物。为了完全发掘其潜力、进一步提高工具的质量，我们决定用最高的质量与稳定性标准要求自己，拒绝退而求其次，以保证在发布时，实体系统可以完全满足当今创作者们的需求。

Unity 将继续为各类游戏、开发团队打造高质量、高生产力与高性能的引擎，这意味着 Unity 具备稳定的工作流、流畅的运行体验；具备高效的团队迭代与协作能力；具备更流畅的无缝创作体验与制作世界级游戏体验的能力。优化后的工作流可加快从概念到最终渲染的时间，并允许制作从轻量 2D 游戏到沉浸式 3D 游戏的任意内容。

5）Unreal

Unreal 全称为 Unreal Engine，简称 UDK，中文名称为虚幻引擎，由 Epic Games 公司开发，是目前世界知名授权最广的游戏引擎之一，占全球商用游戏引擎 80% 的市场份额。

从严格意义上讲，Unreal 并不是虚幻引擎，而是一款游戏引擎。Unreal 虽然不是专用虚幻引擎，但是以其可视化蓝图脚本系统、优质的画面效果、便捷的操作等优势，得到了越来越多用户的青睐。

2010 年，虚幻技术研究中心在上海成立，该中心由 GA 国际游戏教育与虚幻引擎开发商 Epic Games 的中国子公司 Epic Games China 联合设立。

自从"次世代游戏"这个概念诞生，Unreal Engine 便成为业界曝光率最高的游戏引擎，这不仅是一次商业上的成功，而且是整个游戏行业对 Unreal 技术的充分肯定。

Unreal Engine 诞生之初的定位就是为满足制作游戏的需求而打造的工具。引擎使用 Unreal Script 脚本语言，同时提供了功能强大的关卡编辑器，使得事件驱动的游戏制作方式成为主流的游戏制作方式之一。

1998 年，Unreal Engine 第一次以一款单人 FPS 游戏《虚幻》出现在世人面前。在游戏发售之后不久，Epic Games 公司便开放了关卡编辑器和 Unreal Script，欢迎玩家们对游戏做出修改和设定自己的模式。《虚幻》发布之后，Epic Games 公司又重新整理了开发《虚幻》所使用的工具和制作《虚幻》的代码，这便是第一代 Unreal Engine。Unreal Engine 采用了模块化设计，这样 Epic Games 公司和其他授权公司可以容易地修改并自定义引擎的各个方面，而不必重写一个新的引擎。

1999 年，作为初代《虚幻》扩展包的《虚幻竞技场》发售。该款游戏也被移植到了 PlayStation 2 和 Sega Dreamcast 平台。之后，Epic Games 公司不断发布新的游戏，如《Unreal 锦标赛》《Unreal II：觉醒》。

2006 年 11 月，随着《战争机器》的发布，Unreal Engine 3 面世。《战争机器》是第一个展示出 Unreal Engine 3 完美实力的游戏。虚幻引擎进入了次世代的阶段。

2014 年，Unreal Engine 4 发布，Unreal Engine 4 强大的功能使其成为虚拟现实中的带路者。

Epic Games 公司专门为 VR 内容开发了特定的渲染解决方案。前向渲染支持高质量的光照功能，多重采样抗锯齿（MSAA）及实例化双目绘制（Instanced Stereo Rendering），制作清爽明快、包含细节的画面，并以 90 帧/s 的速度运行。通过 Unreal Engine，用户可以伸出手，抓取一个物件，并把玩一下。Unreal Engine 编辑器能完全以 VR 模式运行，并支持高级控制手段，因此能够使用户在一个"所见即所得"的环境中进行创作。

2018 年发布的 Unreal Engine 4.19 版本增加了 VR 和 AR 开发的新功能：Unified Unreal AR Framework。该框架允许苹果和 Android 移动设备的 AR 应用程序拥有单一的开发路径。这使开发人员能够为应用程序使用单个代码库，而不必为两个不同的移动平台构建两个不同版本的应用程序。

Unreal Engine 4.20 版本为用户提供了数百种优化，尤其针对 iOS、安卓和 Magic Leap One。开发者可以更轻松、更无缝地以 XR 构建逼真的角色与身临其境的环境。Unreal Engine 4.20 增加了对 ARKit 2.0 和 ARCore 1.2 的支持。对于 ARKit 2.0，其提供了更好的追踪技术，支持垂直平面检测、面部追踪、2D 图像检测、3D 对象检测、持续性 AR 体验和共享联机 AR 体验；对于 ARCore 1.2，Unreal Engine 4.20 版本增加了对垂直平面检测、增强图像和云锚点的支持。

虚幻引擎 4.25 支持索尼和微软的次世代主机平台。Epic Games 公司正与主机制造商、多家游戏开发商及发行商密切合作，帮助他们使用虚幻引擎 4 开发次世代游戏。

2020 年 6 月，虚幻官方通过一个酷似电影大片画面的宣传片解开了虚幻引擎 5 的神秘面纱，如图 4-114 所示。业内对于次世代的愿景之一就是让实时渲染细节能够媲美电影 CG 和真实世界，并通过高效的工具和内容库，让不同规模的开发团队都能实现这一目标。

图 4-114　虚幻引擎 5 宣传片画面

北京时间 2021 年 5 月 26 日，Epic Games 公司开启 UE5 的抢先体验版，专门面向喜欢追求科技最前沿的游戏开发者。UE5 支持次世代主机、本世代主机以及 PC、Mac、iOS 和 Android 平台。

虚幻引擎 5 具有两大全新核心技术，具体如下。

Nanite 虚拟微多边形几何体可以让美术师们创建出人眼所能看到的一切几何体细节。Nanite 虚拟几何体的出现意味着由数以亿计的多边形组成的影视级美术作品可以被直接导入虚幻引擎——无论是来自 Zbrush 的雕塑还是用摄影测量法扫描的 CAD 数据。Nanite 几何体可以被实时流送和缩放，因此无须考虑多边形数量预算、多边形内存预算或绘制次数预算；也不用将细节烘焙到法线贴图或手动编辑 LOD，画面质量不会有丝毫损失。

Lumen 是一套全动态全局光照解决方案，能够对场景和光照变化做出实时反应，且无需专门的光线追踪硬件。该系统能在宏大而精细的场景中渲染间接镜面反射和可以无限反弹的漫反射；小到毫米级、大到千米级，Lumen 都能游刃有余。美术师和设计师们可以使用 Lumen 创建出更动态的场景，如改变白天的日照角度，打开手电或在天花板上开个洞，系统会根据情况调整间接光照。Lumen 的出现将为美术师节省大量的时间，大家无须因为在虚幻编辑器中移动了光源再等待光照贴图烘焙完成，也无须再编辑光照贴图 UV。同时光照效果将在主机上运行游戏时的效果保持完全一致。

这一品质上的飞跃得益于无数团队的努力和技术的进步。为了使用 Nanite 几何体技术创建巨型场景，团队大量使用了 Quixel 的 MegaScans 素材库，后者提供了具有成百上千万多边形的影视级对象。为了支持比前世代更庞大更精细的场景，PlayStation 5 也大幅提升了存储带宽。

4.4.6　全景视频技术

全景视频特指水平视角为 360°、垂直视角为 180° 的图像。全景视频是一种用 3D 摄像机进行全方位 360° 拍摄的视频，用户在观看视频的时候，可以随意上下左右调节视频进行观看。

全景视频顾名思义就是给人以三维立体感觉的全方位图像，此图像有如下三个特点。

（1）全：指全方位，全景视频全面地展示了 360° 球型范围内的所有景致，用户可在案例中用鼠标按住拖动场景，观看场景的各个方向。

（2）景：指实景，真实的场景，三维实景大多是在实拍照片基础之上拼合得到的图像，最大限度地保留了场景的真实性。

（3）360°：指 360° 环视的效果，虽然照片都是平面的，但是通过软件处理之后得到的 360° 实景，能给人以三维立体的空间感觉，使游览者犹如身在其中。

全景视频虚拟效果可以分为柱状全景视频和球形全景视频。柱状全景视频实现起来比较简单，只需对场景沿着水平方向进行环绕拍摄，然后拼合起来，因此它只能允许左右水平移动浏览，无法展现天空和地面的实际景象。球形全景视频在拍摄与后期制作上要求较高，在拍摄时，需要沿着水平与垂直两个方向进行多角度环视拍摄，拍摄的视频经过拼接缝合后可以实现上下与左右方向的 360° 的全视角展示，可以让观看者获得身临其境的感受。

全景视频的实现有以下几种方法。

1. 投影方式

全景拍摄并非时新的概念，甚至可以追溯到 12 世纪的《韩熙载夜宴图》，如图 4-115 所示。

图 4-115 《韩熙载夜宴图》

当然这并非真正意义上的沉浸式体验，就算把这幅长画卷成一个圆筒，观看者站在中心观看，依然会看到一个明显的接缝及头顶和脚下两片区域的空白，如图 4-116 所示。

图 4-116 卷成筒状《韩熙载夜宴图》的接缝处

出现这种问题的原因很简单，因为宋朝人并没有打算把这幅画做成沉浸式的体验。画面对应的物理空间视域并没有达到全包围的程度，也就是水平方向 360°和垂直方向 180°。

生活中常见的世界地图符合一张全景图片需要的全部条件，把它放到各种 VR 眼镜里去观看，就宛若陷入了整个世界的环抱中。看起来平凡无奇的世界地图，使用 ERP 投影方式，就可以实现全景。它的特点是水平视角的图像尺寸可以得到很好的保持，而垂直视角的图像，尤其接近两极位置的图像会发生尺寸拉伸。

穹顶上的纹路变化对于这种投影方式的拉伸现象体现得更为明显，越靠近画面的顶端，越会呈现出剧烈的扭曲变形，如图 4-117 所示。VR 头盔和应用软件的意义就在于将这些明显变形的画面还原为全视角的内容，进而让使用者有一种身临其境的包围感。

图 4-117　穹顶拉伸现象

　　全景图像的投影方式比较多，如理光 Theta S 全景相机（见图 4-118）及 Insta 360 全景相机，就采用了另外一种更简单有效的投影策略。

图 4-118　理光 Theta S 全景相机

　　通过理光 Theta S 全景相机的两个鱼眼摄像头输出的画面，各自涵盖了 180°的水平和垂直视场角，如图 4-119 所示，将两个输出结果"扣"在一起就得到全视域的沉浸式包围体。

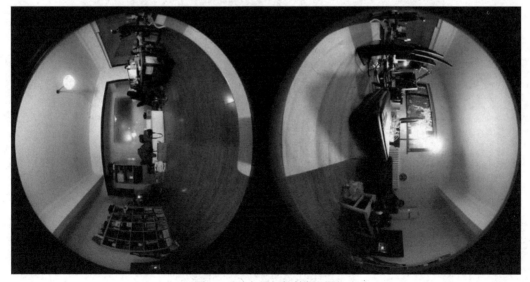

图 4-119　全景相机拍摄画面

通过这种名为 Fisheye 的投影方式，生成的 2D 画面是严重扭曲变形的。通过图像重投影处理的方式将它变换到 VR 眼镜中显示的时候，受到图像采样频率的限制，扭曲的画面被还原时会产生一定程度的图像质量损失，会造成全景内容本身的质量下降。由此看来，作为全景内容的一种重要承载基体，投影图像不仅应当完整包含拍摄的全部内容，还要避免过多的扭曲变形，以免重投影到 VR 眼镜中时产生质量损失。

Equisolid 投影，也被称为"小行星"或者"720°"全景，它甚至可以把垂直方向的 360° 视域都展现出来，但是前提是使用者并不在乎巨大的扭曲变形可能带来的品质损失，Equisolid 投影效果如图 4-120 所示。

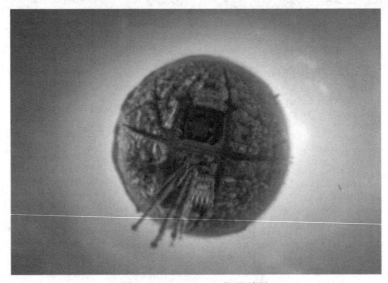

图 4-120　Equisolid 投影效果

因此，没有扭曲变形的单一图像投影方式是不存在的。六幅图像组成的全景效果图如图 4-121 所示。

图 4-121　六幅图像组成的全景效果图

这相当于一个由六幅图像拼合组成的立方体，假设观察者位于立方体的中心，那么每幅图像都会对应立方体的一个表面，并且在物理空间中相当于水平和垂直都是 90°的视域范围。而观察者被这样的六幅画面包围在中心，最终的视域范围同样可以达到水平 360°、垂直 360°，并且画面不存在任何扭曲变形。立方体全景组合示意图如图 4-122 所示。这是一种理想的实现方法。

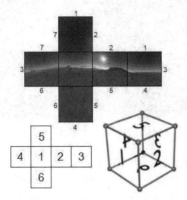

图 4-122　立方体全景组合示意图

2.拼接与融合

无论是摄像机镜头的感光面积、焦距参数及因此计算得到的视场角度，还是支架的钢体结构设计与制作，都无法确保精确地达到上面要求的参数，几毫米的光学误差或者机械误差对于严丝合缝的立方图像来说，都在最终呈现的沉浸式场景中留下一条或者多条明显的裂缝。如果在拼接的地方留下足够大的冗余，然后正确识别和处理两台摄像机画面重合的区域，那么就可以做到六幅画面融合组成全景，这种技术就是全景内容制作中图像的拼接与边缘融合技术。

图 4-123 所示为 360 Heros 系列全景摄像机，它使用了 6 个 GoPro 运动相机和 1 个支架来辅助完成拍摄，这 6 台相机分别朝向不同的方向，如果采用 4×3 视角设定，其水平和垂直视场角度分别为 122°和 94°。

图 4-123　360 Heros 系列全景摄像机

在全景视频拼接和输出软件中读取 6 台摄像机的输入流或者视频文件，设置它们在支架上的实际方位信息，就可以得到覆盖全视域范围的视频内容，如图 4-124 所示。

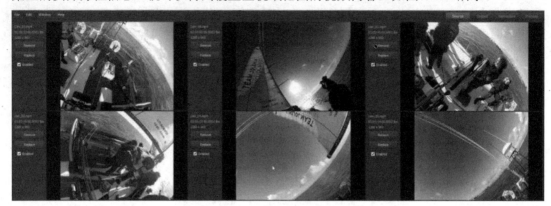

图 4-124　拼接全景视频

正如之前所描述的，因为无法做到精确的对齐，所以需要在每台相机的视场角度上提供必要的冗余，得到的视频画面互相之间会存在一定的交叠关系，在直接输出全景画面时，可能存在明显的叠加区域或者错误的接边。可以借助编辑软件，裁切和调整这些边缘区域。

如果制作 VR 电影，还要注意保证所有摄像机同步，即在录制的过程中保持帧率的一致性。

3.　全景立体画面实现

为了将画面赋予立体感并呈现到人的眼中，全景画面内容必须采用左右图像水平分离显示的模式，如图 4-125 所示。

图 4-125　左右图像水平分离

因为人的双眼存在一定的视角差，双眼各自看到的图像有一定的差异，再通过大脑的解算就可以使人得到立体的感受。景物距离人眼越近，这种视差越明显，远处的景物则相对没有很强的立体感。任何一种现有的 VR 眼镜，都需要通过结构的设计确保佩带者的左右眼只能看到实际屏幕的一半，也就是分别看到分隔后的左右眼画面内容，从而模拟了人眼的真实运作机制。

在这种情形下，全景内容的拍摄设备也需要做出一些对应的改动，如将原来的 6 台相机改成 12 台相机（360 Heros 3 Pro 12），即在每个方向都有左右两台相机负责拍摄，如图 4-126 所示。

图 4-126　360 Heros 3 Pro12

全景视频其实很早就诞生了，在最近几年才开始真正成熟起来。可以这么理解，全景视频拍摄就是将一定范围内的某个时间段，周围所发生的一切记录下来，并且展现出来。其主要意义是在一定范围内进行记录，不过目前全景视频大多用于旅游景点拍摄、城市介绍、医疗上的观察或者娱乐。全景视频的展示手段不局限于本地展示，全景视频可用于网络，也可用于多媒体触摸屏、大屏幕全屏投影，同时可制作成光盘形式的企业虚拟现实形象展示、三维产品展示等。

全景视频技术被广泛应用于以下领域。

（1）餐饮全景虚拟展示。

全景视频技术用于展示餐厅环境、包间布局、菜系种类等，为更多的美食人士根据自身需求，在线选择适应自己消费的菜系、餐厅带来方便。

（2）酒店全景虚拟展示。

利用网络，全景视频技术可以使客户远程虚拟浏览宾馆的外形、大厅、客房、会议厅等各项服务场所，展现宾馆舒适的环境及完善的服务，给客户以实在感受，促进客户预定客房。

（3）旅游景点虚拟导览展示。

利用全景视频技术可以高清晰度、360°全景展示景区的优美环境，给观众身临其境的体验，结合景区游览图导览，可以让观众自由穿梭于各景点之间。全景视频成为旅游景区、旅游产品宣传推广的最佳创新手法。

（4）房产全景虚拟展示。

房屋开发销售公司可以利用全景视频技术，展示楼盘的外观、房屋的结构、布局和室内设计。购房者在家中通过网络即可仔细查看房屋的各个方面，这样可以提高潜在客户购买欲望。更重要的是，采用全景技术可以在楼盘建好之前将其虚拟设计出来，方便房屋开发销售公司进行期房的销售。

（5）汽车全景虚拟展示。

汽车内景的高质量全景视频，可以展现汽车内饰和局部细节。汽车外部的全景视频，可以使客户从每个角度观看汽车外观。这样可以实现汽车的网上完美展现。

（6）商业空间展示。

全景视频虚拟展示，使公司产品陈列厅、专卖店、旗舰店等相关空间的展示不再有时间、地点的限制，使参观变得更加方便，参观者就像来到现场一样，大大节省了成本，提高了效率。

不难预测，全景视频将是初期 VR 视频市场的主旋律，市场规模巨大。因此，很多科技巨头纷纷布局该领域。

Facebook 在新闻推送服务中提供了 360°全视角视频内容，还发布了 Surround 360°全景摄像机的相关设计。谷歌开通了旗下视频平台 YouTube 的 360°全景视频频道，并发布了 360°全景相机 Google Jump，如图 4-127 所示。三星和诺基亚也在硬件领域做了布局，分别发布了 360°全景相机 Gear 360（见图 4-128）和 OZO（见图 4-129）。

图 4-127　谷歌全景相机 Google Jump

图 4-128　三星 360°全景相机 Gear 360

图 4-129　诺基亚全景相机 OZO

　　纵观国内，乐视、腾讯、百度视频、爱奇艺、优酷、土豆等都在 360°全景视频领域不断发力，希望未来能够顺利过渡到 VR 视频。一些全景视频方案提供商也不断涌现，如七维科技、互动视界等。支持 VR 视频与 360°全景视频的软件层出不穷，如橙子 VR、VR管家、极乐王国、VR 热播、3D 播播、乐视 VR 及奇境 VR 播放器。在 VR 视频还不成熟的情况下，这些"伪 VR"硬件和内容拉近了用户与 VR 的距离，对教育用户、普及 VR 概念起到了很大的作用。

第5章

虚拟现实技术产业应用

5.1 虚拟现实产品日益丰富

5.1.1 头戴式显示器的迭代

头戴式显示器（Head Mounted Display，HMD）在虚拟技术应用系统中的地位十分重要。据统计，普通人从外部世界获取的 80%的信息来自视觉，如何实时地生成大规模复杂虚拟环境的立体画面仍然是当前虚拟现实研究中亟待解决的问题。虚拟现实系统应该能按用户当前的视点位置和视线方向，实时地改变呈现在用户眼前的虚拟环境画面，并在用户耳边和手上实时产生符合当前情景的听视和触觉/力觉响应。

头戴式显示器的原理是将小型二维显示器产生的影像通过光学系统放大。具体而言，小型头戴式显示器发射的光线经过凸状透镜发生折射，产生类似于远方的效果。利用此效果将近处物体放大至远处观赏，从而达到所谓的全像视觉。

头戴式显示器的光学技术设计和制造技术日趋完善，头戴式显示器不仅是个人应用显示器，还是紧凑型大屏幕投影系统设计的基础，可将小型 LCD 显示器件的影像透过光学系统做成全像大屏幕。头戴式显示器除在现代先进军事电子技术中得到普遍应用成为单兵作战系统的必备装备外，还拓展到民用电子技术中，虚拟现实电子技术系统首先应用了头戴式显示器。

早在 1968 年，美国 ARPA 信息处理技术办公室主任 Ivan Sutherland 开发出"达摩克利斯之剑"头戴式显示器，它被认为是世界上第一个头戴式显示器，能显现二维图像，但当时的水平有限，用户只能看到线框图叠加在真实环境之上。该头戴式显示器采用传统的轴对称光学系统，体积和重量都较大。

1994 年，加拿大阿尔伯塔大学的 M.Green 教授重新在该方向开展了研究，得到了各方面的高度重视。

University of Wisconsin-Madison 的初期研究表明，在 VR 环境下利用 3D 交互技术进行设计工作会提高设计效率 10～30 倍。VR 技术的应用还使得高难度驾驶技术的培训效率大幅提高，VR 技术成为必备手段。

1995 年，第一个可用的商业 VR 头戴式显示器 VFX1 诞生，如图 5-1 所示。它的显示系统采用两个 0.7 英寸的、分辨率为 263px×230px 的 256 色 LCD，可视角度约为 70°，内部的传感器可以跟踪头部的转动，配有一个很小的手柄用于控制该显示系统，内置立体声

耳机设计。VFX1 需要一台运行 DOS 5.0 系统的 386 计算机支持。VFX1 支持当时的《星战》、
Quake 等游戏。VFX1 是比较标准的 PC 专用 VR 设备和头戴式显示器。

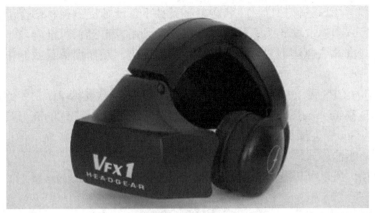

图 5-1　VFX1

　　另一款知名的 VR 游戏头戴式显示器是任天堂的 Virtual Boy，如图 5-2 所示，它采用
了现在电影院常用的偏振式 3D 镜片，外加内置的 32 位处理器生成单色 3D 图像，可以使
用电池盒供电，可以外出携带使用。不过这款产品的显示色彩只有一种：红蓝叠加的紫红
色，这种效果是所有玩家不愿意接受的。不过 Virtual Boy 堪称移动 VR 产品的元祖级产品。
受时代局限的 Virtual Boy 失败后，任天堂最终在掌上游戏机上实现了裸眼 3D 显示。

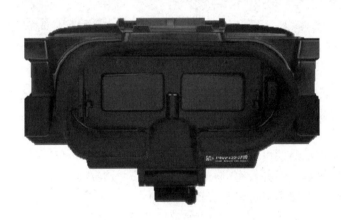

图 5-2　Virtual Boy

　　军用头戴式显示器在头戴式显示器发展过程中发挥了极大的推动作用。1968 年，世界
上第一个头戴式显示器，即美国 ARPA 信息处理技术办公室主任 Ivan Sutherland 开发的"达
摩克利斯之剑"头戴式显示器，就是军用头戴式显示器。21 世纪，未来"理想单兵作战武
器平台系统"的发展格外引人注目。新理念、新原理、新结构、新功能、新工艺等交相辉
映；夜视技术、激光技术、计算机技术、光学技术、新材料技术等广泛运用，使得传统士
兵作战单元概念产生了质的飞跃，作为终端显示输出的头戴式显示器的地位显得越发重要，
它是不可缺少的重要部件之一。头戴式显示器早期主要为战机和战车驾驶员配备，而未来，

一个士兵就相当于一个作战平台，一个单兵武器作战平台就是一个"士兵作战系统"。而今，世界一些发达国家都在紧锣密鼓地制订和组织实施"士兵作战系统"发展计划。于是，适应各自国情的单兵武器作战平台异军突起。头戴式显示器已成为士兵的"外脑"。士兵通过头戴式显示器可对战场进行扫描，在各种复杂条件下都能捕捉到目标图像，并且士兵可以从头顶、掩体后方和建筑物周围进行拐弯射击，无须暴露自己便可准确攻击目标。美国、英国、法国等国家的综合头戴式显示器都有了很大突破，从而使单兵武器作战平台发挥出更大的威力。

在 2006 年的 CES 展会上，eMagin 发布了世界上第一款支持 3D 功能的头戴式显示器 eMagin Z800 3D Visor，如图 5-3 所示，它是全球第一款基于 OLED 的高分辨率立体视觉产品，可将先进的 360°头部跟踪和立体声 3D 体验呈现在游戏或电影观众面前。这款产品通过左右眼分别显示的方式"制造"出立体的画面，由于左右画面分开，不会相互影响，也不需要画面遮挡，所以可以营建出较好的 3D 立体视觉效果，该产品售价为 899 美元。

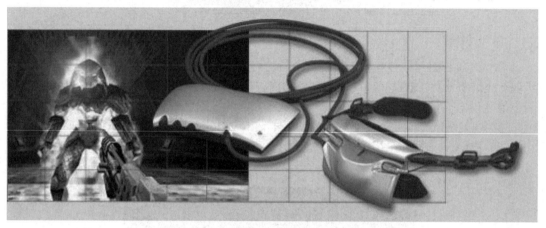

图 5-3　eMagin Z800 3D Visor

2008 年，eMagin 公司将小尺寸 OLED 面板的分辨率推高到 SXGA（Super extended Graphics Array）级别，并于 2008 年 10 月在英国伦敦举行的"Night Vision 2008"上进行了展示。这款产品的物理尺寸为 0.44 英寸，亮度为 $100cd/m^2$，各项指标都比较优秀。若采用这种面板，头戴式显示器便可以支持 1280px×1024px 分辨率。在当时，这是比较理想的指标。尽管产品林林总总，但并没有哪一款产品真正进入大众的视野，除了自身的原因，应用需求不足、产品缺乏配套支持也是比较大的原因。

2011 年年底，在头戴式显示领域冷淡良久的索尼卷土重来，带来了重量级产品 HMZ-T1，如图 5-4 所示。它凭借 1280px×720px 分辨率、3D 显示功能及索尼 PS3、索尼影业等诸多辅助支持，打造了一场头戴式显示器的应用革命。HMZ-T1 的外观非常前卫，核心组件是眼镜式的显示系统，尽管这个显示系统尺寸小，左右眼的显示器尺寸类似于一块眼镜镜片的尺寸，但是它可以提供长达 20 米的视觉成像距离，而成像的画面尺寸高达 750 英寸。最让人幸福的是它可以提供极其逼真且无闪烁的 3D 显示画面，视觉效果令人震撼，这款产品也因此被比喻为专属个人的 3D IMAX 影院。除了 3D 电影播放，HMZ-T1 还是一款适合游戏的 3D 显示器，配合索尼 PS3 游戏机，玩家可以在角落里安然享受真实 3D 环绕的极致体验。

图 5-4　HMZ-T1

2012 年 1 月底，美国 Silicon Micro Display（SMD）公司发布了一款真正的 1080p 全高清 3D 头戴式显示器——ST1080，如图 5-5 所示。ST1080 的显示器采用两块 0.74 英寸的 LCOS 硅基液晶来成像，这种技术在投影仪中被广泛采用，它可以在很小的尺寸内做到超高分辨率。单从硬件上比，ST1080 完胜索尼的 HMZ-T1，它同样是由头戴眼镜和控制器构成的，但头戴眼镜的质量只有惊人的 180g，尺寸精悍、造型简约，相比之下，索尼 HMZ-T1 的质量达到 420g，必须采取舒适的姿势才能够长时间佩戴。ST1080 的控制器也十分紧凑，质量只有 106g，采用 USB 接口供电，外挂的电池包可以提供 5 小时的连续使用时间，这就意味着 ST1080 可以在移动环境下使用。分辨率达到全高清的 1920px×1080px 标准，可以给用户提供 3 米距离观看 100 英寸图像的视觉效果。另外，它的亮度指标达到 120cd/m²，对比度达到 1200∶1，色彩十分艳丽。ST1080 的售价为 799 美元。

图 5-5　ST1080

2016 年，备受期待的三大高端虚拟现实产品 Oculus Rift、HTC Vive 及 PlayStation VR 正式上市发售。

2014 年 1 月，Oculus 展出了高清头戴式显示器，将其命名为 Crystal Cove，经过不断的改进，于 2016 年 1 月开始预售其迭代产品 Oculus Rift，如图 5-6 所示。Oculus 公司称 Oculus Rift 为"第一款真正 PC 专用的 VR 头戴式显示器"。Oculus Rift 具有两个目镜，每个目镜为 5.7 英寸的 OLED 屏，单目镜分辨率为 640px×800px，双目镜分辨率为 1280px×800px，刷新率为 90Hz。Oculus Rift 拥有专用的头戴耳机，可提供 3D 立体音效。

图 5-6　Oculus Rift

2016 年 3 月，索尼正式发行 PlayStation VR，它是由索尼电脑娱乐（SCE）开发的虚拟头戴式显示器，如图 5-7 所示。PlayStation VR 配有 5.7 英寸的 OLED 屏，分辨率为 1920px×1080px，刷新率为 120Hz，延迟低于 18ms，视角为 100°；采用 9 个 LED 来实现 360°头部位置追踪，利用加速传感器和陀螺仪实现动作捕捉，并通过 3D 音效提高体验效果。

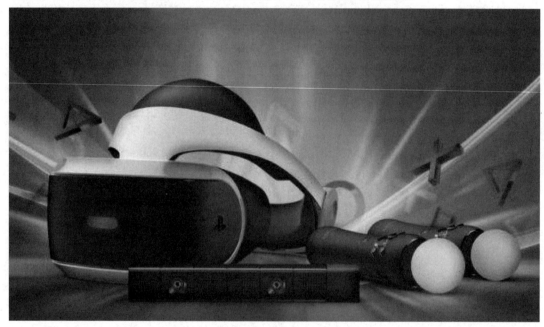

图 5-7　PlayStation VR

2016 年 6 月，HTC 推出了面向企业用户的虚拟现实头戴式显示器 HTC Vive，如图 5-8 所示，它通过三个部分致力于给使用者提供沉浸式体验：一个头戴式显示器、两个单手持控制器、一个能于空间内同时追踪显示器与控制器的定位系统。

HTC Vive 开发者版采用 OLED 屏幕，单目镜有效分辨率为 1200px×1080px，双目镜合并分辨率为 2160px×1200px，高分辨率大大降低了画面的颗粒感。

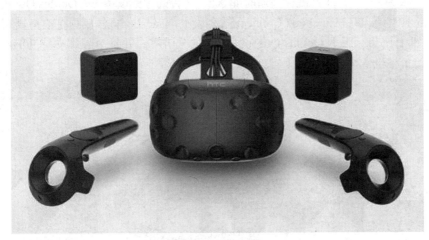

图 5-8　HTC Vive

2019 年 1 月 8 日，HTC 在 CES2019 展会上更新 Vive 产品线，带来了数款 VR 新品，包括新一代的 VR 头戴式显示器 HTC Vive COSMOS，如图 5-9 所示。

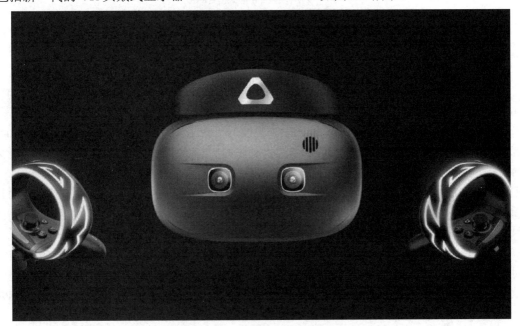

图 5-9　HTC Vive COSMOS

从外观来看，HTC Vive COSMOS 相较上一代产品体积更小，官方表示 HTC Vive COSMOS 采用全新材质，以及皇冠式设计，不会弄乱发型，而且采用翻盖式设计，可以在现实与虚拟中自由切换，这样穿戴更加轻松舒适，更符合大多数人的使用需求。

这款新 VR 产品，不再需要外部定位传感器，基于 4 个摄像头追踪，使用完全跟踪的运动控制器，可实现广泛和精准的追踪、手势控制，并带有无线手柄控制器。此外，新的 Vive 操控手柄可与 Vive 追踪无缝匹配，进一步提升游戏玩家的操作体验。多功能的设计，同样适用更多的 VR 内容。

2020 年 9 月 16 日，首款搭载高通骁龙 XR2 平台的 VR 设备——Oculus Quest 2 正式发布，如图 5-10 所示。在 Facebook Connect 的会议上，Facebook 总裁扎克伯格宣布，Oculus Quest 2 将拥有比前一版本 Oculus Quest 高 50%的分辨率，并且新版本支持 90Hz 流畅的刷新率，入门价格也低至 299 美元。

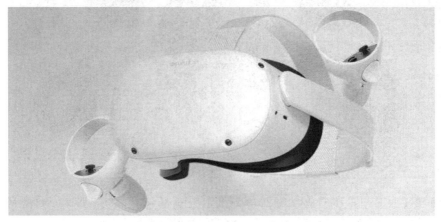

图 5-10　Oculus Quest 2

Facebook 一直致力于打造终极 VR 眼镜：一款可以让用户无须添加任何额外的硬件，就能够轻松进入 VR 世界的眼镜。对于那些拥有游戏计算机的人来说，Oculus Quest 2 将是一款功能强大的 VR 眼镜。

Oculus Quest 2 具有快速液晶显示器，分辨率可达到 1832px×1920px。Oculus Quest 2 比此前版本的质量轻了约 10%，体积也小了一点，此外，Oculus Quest 2 还增加了新的绑带，采用了全新的柔韧性材料，取代了上一版本坚硬的机械结构。Oculus Quest 2 从 Rift touch 控制器中获取了灵感，并改良了其控制器。这个版本的控制器变大了一些，使用者将不会再有手指不舒适的困扰。

Oculus Quest 2 支持定制功能，它为更宽、更窄机头分别提供了不同的面板选项。而且新款的 VR 眼镜为电池留出了空间。额外的电池不仅使 Oculus Quest 2 的续航能力翻倍，而且平衡了整个 VR 眼镜装置。

在 Vivecon 2021 开发者大会上，HTC 公布了两款新的头戴式显示器，并于 2021 年 6 月开始发售。它们分别是 HTC Vive Pro 2 和 HTC Vive Focus 3。其中，HTC Vive Pro 2 是一款面向 VR 重度爱好者和企业用户的一款 PC VR 头戴式显示器，而 HTC Vive Focus 3 则是一款主要针对企业市场的旗舰级 VR 一体机。

HTC Vive Pro 2 的外观看上去很像初代 Pro，如图 5-11 所示，它拥有可调节的头带和内置扬声器，颜色方面融合了原 Vive 头戴式显示器的黑色和 Pro 的海军蓝元素。HTC Vive Pro2 采用双 RGB LCD 屏幕，单目镜分辨率为 2448px×2448px（双目镜分辨率为 4896px×2448px），视场角最大为 120°，屏幕刷新率可达 120Hz，支持现有的 Vive 和 SteamVR 外设，但不具备 HTC Vive Pro Eye 的眼动追踪功能。

图 5-11　HTC Vive Pro 2

与初代 Pro 一样，HTC 采用两种不同形式销售 HTC Vive Pro 2。基础版 HTC Vive Pro 2 预购定价为 749 美元，HTC 计划从 2021 年 6 月 3 日开始出货，届时价格将上涨到 799 美元。与此同时，包含两个 2.0 基站和魔杖形 Vive 控制器的完整套件售价则将达到 1399 美元，将于 2021 年 8 月份开始发售。

作为 HTC 公布的另一款新产品，VR 一体机 HTC Vive Focus 3，如图 5-12 所示，在初代 Focus 和 Focus Plus 的基础上采用全新设计，搭载高通骁龙 XR2 平台，展示参数与 Pro 3 接近：单目镜分辨率为 2448px×2448px（双目镜分辨率为 4896px×2448px），视场角最大为 120°，刷新率为 90Hz。为了提升追踪体验，HTC Vive Focus 3 配置了四个内向外摄像头，控制器的外形与 Oculus Touch 非常相似。

图 5-12　HTC Vive Focus 3

有趣的是，HTC Vive Focus 3 在背部采用了可拆卸交换式电池设计，通过这种方式来改善重量分布和穿戴体验。另外，HTC Vive Focus 3 还将允许企业用户访问 Vive Business 应用商店，使用一系列企业软件。

与 HTC Vive Pro 2 不同的是，HTC 只会面向企业用户销售 HTC Vive Focus 3，不过这家公司表明，该设备也将进入"某些消费者渠道"，供较小的商店购买。HTC Vive Focus 3 定价为 1300 美元，其中包括 24 个月的保修服务。

以上远不是 VR 头戴式显示器发展历史的全部，许多试验性的产品资料匮乏，并没有什么曝光的机会。从 20 世纪 80 年代的 EyePhone 开始，一款标准的 VR 设备由完整的头戴式显示器、头部跟踪感应及输入设备组成。随着科技进步，其每个子系统的性能越来越强大。屏幕色彩和分辨率越来越高、感应器灵敏度和刷新率越来越快、输入设备延迟越来越低等，带来了更加逼真和流畅的沉浸式显示体验。低廉的设备成本和高性能智能手机的普及使得移动 VR 设备应用成为可能。

5.1.2　手势识别产品的发展

虚拟现实技术要想获得完全沉浸式的体验，只有优秀的头戴式显示器是不够的，还需要一些同样重要的其他感知类产品的支持。只有全面发展各项感知技术，才能创造尽可能还原人们现实生活中的交互方式的体验。

手势识别发展史是一个从静态走向动态，从二维走向三维的过程。

最初的手势识别主要利用穿戴设备，直接检测手、胳膊各关节的角度和空间位置。这些设备大多通过有线技术将计算机系统与用户相连接，使用户的手势信息完整无误地传送至识别系统中，其典型设备如数据手套等。这些设备虽然可以提供良好的检测效果，但将其应用在常用领域则价格昂贵。

数据手套是常用的检测手势的虚拟现实硬件，通过软件编程，用户可进行虚拟场景中物体的抓取、移动、旋转等动作，也可以利用它的多模式性控制场景漫游。数据手套的出现，为虚拟现实系统提供了一种全新的交互手段，数据手套能够检测手指的弯曲，并利用磁定位传感器精确地定位出手在三维空间中的位置。

数据手套本身不提供与空间位置相关的信息，必须与位置跟踪设备连用。外部设备的介入虽然使得手势识别的准确度和稳定性得以提高，但掩盖了手势自然的表达方式，因此，基于视觉的手势识别方式应运而生。视觉手势识别是指对视频采集设备拍摄到的包含手势的图像序列，通过计算机视觉技术进行处理，进而对手势加以识别。

基于视觉的手势识别技术的发展是一个从二维到三维的过程。早期的手势识别是基于二维彩色图像的识别技术，是指通过普通摄像头拍出场景后，得到二维的静态图像，再通过计算机图形算法对图像中的内容进行识别。随着摄像头和传感器技术的发展，手势识别技术可以捕捉到手势的深度信息，三维的手势识别技术可以识别各种手型、手势和动作。

二维手型识别，也被称为静态二维手势识别，是手势识别中最简单的一类。它只能识别出几个静态的手势动作，如握拳或者五指张开。这种技术只能识别手势的状态，而不能感知手势的持续变化。

相较于二维手势识别，三维手势识别增加了一个 Z 轴的信息，它可以识别各种手型、手势和动作。这种包含一定深度信息的手势识别，需要特别的硬件来实现。常见的这种硬件有传感器和光学摄像头。

目前主要有三种硬件实现方式，它们需要配合先进的计算机视觉软件算法实现三维手势识别。

（1）结构光（Structure Light）。这种技术的基本原理是：通过激光的折射及算法计算出物体的位置和深度信息，进而复原整个三维空间，如图 5-13 所示。由于依赖折射光的落点位移来计算位置，这种技术不能计算出精确的深度信息，对识别的距离也有严格的要求。

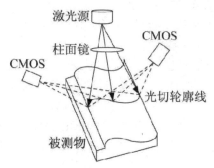

图 5-13 结构光测量原理

（2）光飞时间（Time of Flight）。这种技术的原理是：加载一个发光元件，通过 CMOS 传感器捕捉并计算光子的飞行时间，根据光子飞行时间推算出光子飞行的距离，就能得到物体的深度信息，如图 5-14 所示。就计算而言，光飞时间是三维手势识别中最简单的，不需要计算机视觉方面的计算。

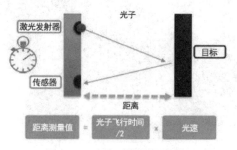

图 5-14 光飞时间测距方法

（3）多角成像（Multi-camera）。该技术使用两个或者两个以上的摄像头同时采集图像，通过对比不同摄像头在同一时刻获得的图像的差别，使用算法来计算深度信息，从而实现多角三维成像。

目前市场上具有代表性的数据手套有如下几款。

1）Gloveone

2015 年，一款名为 Gloveone（见图 5-15）的数据手套出现在 Kickstarter 众筹网上。Gloveone 具有独特的触觉反馈功能，可以兼容多款虚拟现实头戴式显示器，通过振动模拟真实的触摸体验，可以模拟出物品的形状、重量和冲击时产生的力。

图 5-15 Gloveone

这得益于 Gloveone 中的 10 个驱动马达，每个马达都能通过振动制造触感。Gloveone 具有类似于 Leap Motion、Intel RealSense 和 Microsoft Kinect 的体感模式，可以带来精准的位置测定。Gloveone 内置一个控温装置，所以可以模拟虚拟的温度反应。例如，在虚拟世界中将手靠近火源，现实中手套也会发热，让人真实感受到火焰散发出的热量。目前，Gloveone 仅兼容 Windows，并且向开发者公布了 API 和 SDK。

2）Senso

Senso 数据手套，如图 5-16 所示，包含 7 个 IMU 系统，可以提供六自由度的追踪，无需由外而内的追踪系统。每只手套集成了振动马达和电池，可提供每个手指的触觉反馈和模拟温度差异的能力。

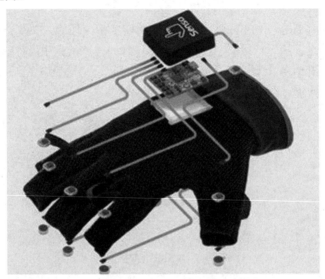

图 5-16 Senso 数据手套

Senso 数据手套已参展过包含 MWC（世界移动通信大会）和 GDC（游戏开发者大会）在内的多个展会。

3）Manus VR

荷兰 Manus VR 公司是数据手套行业的全球领军企业，其产品采用全球最先进的虚拟现实技术。Manus VR 数据手套与 HTC Vive 结合使用，如图 5-17 所示，让用户在虚拟世界中进行直观的互动，使用尖端技术实现真实的沉浸式体验。

图 5-17 Manus VR 数据手套与 HTC Vive 结合使用

2016 年，Manus VR 推出首款数据手套用于追踪手部和手指的动作，该手套兼容 HTC Vive（SteamVR 追踪方案），快速赢得了部分商用市场。2019 年，Manus VR 推出迭代产品 Prime 系列数据手套，该系列包含三个版本：Prime One、Prime Haptic、Prime Xsens。

Prime One 是 Manus VR 核心产品，支持手部和双关节手指动作追踪；兼容 Unity、Unreal 及一些动作平台软件。

Prime Haptic 支持触觉反馈，内置线性马达，能够根据虚拟场景的材料和力度施加振动回馈信号，并且包括材质、强度、频率、共振等触觉细节。

Prime Xsens 是一个专用于 Xsens 动捕方案的版本，旨在通过 IMU 套装完成手部追踪。

Manus VR 产品已经被应用到 NASA 宇航员训练、工业场景培训等方面，该产品的客户还包括迪士尼、宝马、奥迪、空中客车等公司。

4）Control VR

Control VR 手套由 Control VR 公司研发，采用由美国国防部高级研究计划局设计的微传感器，Control VR 手套将不仅仅局限于游戏。

Control VR 由配置在胸前的主机、手臂上的臂环、手套及多个传感器组成，如图 5-18 所示。佩戴 Control VR，配合 SDK 开发的 VR 应用，玩家可以自如地活动手指，实现各种复杂的手部动作，如抓、握拳，或者任何手势。开发团队推出了 10 多款游戏和 Demo。 目前 Control VR 支持 Oculus 平台、谷歌眼镜、Unity 引擎、虚幻引擎、Autodesk 软件甚至 Parrot 的 AR 无人机，应用范围非常广泛。

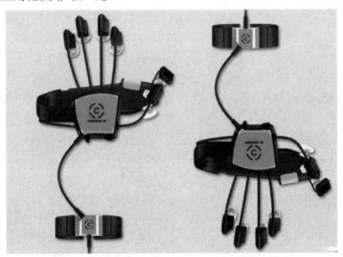

图 5-18　Control VR

Control VR 最有吸引力的地方在于，手套里的传感器能够识别极其微小的旋转值，可以捕捉手臂、手掌的运动，精确地追踪手指的动作。Control VR 能够在虚拟现实中模拟键盘的操作，而不再需要接触键盘硬件。

5）PowerClaw

PowerClaw 是一款触感手套，由墨西哥创业公司 Vivoxie 研发而成，这款 VR 手套可利用温度自动调节器向手指传送安全等级内的热度和冷度，并且内置振动马达还能模拟虚拟物体的触感。PowerClaw 在 IndieGogo 众筹平台上首次露面，如图 5-19 所示，后又在 2016 年科隆游戏展上拉开了序幕。

图 5-19　PowerClaw

　　PowerClaw 手套是由一系列的小型电动机和热电元件集成的，可以让使用者每个指尖的触觉细胞放松，可以使其感觉到冰块的寒冷和火焰的炙热，它还能模拟电击和智能手机的振动。

　　PowerClaw 不需要任何形式的追踪设备。手套一端连接一根粗电缆，另一端连接一个 3D 数据接口盒，用于提供手套运行所需电压，同时可以将情景指令传到手套的处理器上。

　　6）5DT Data Glove Ultra Series

　　5DT Data Glove Ultra Series 是 5DT 公司为现代动作捕捉和动画制作领域的专业人士专门设计的一款数据手套，可满足最为苛刻的工作要求。该产品具有佩戴舒适、简单易用、波形系数小及驱动程序完备等特点。超高的数据质量、较低的交叉关联及高数据频率使该产品成为制作逼真实时动画的理想工具。

　　5DT 的 Glove 5 型 5 传感器数据手套可以记录手指的弯曲及手的方向（指向和翻转），每根手指上有一个传感器，可以用来替代鼠标和操作杆。系统通过一个 RS-232 接口与计算机相连接。

　　5DT 的 Glove 5 型 5 传感器无线数据手套是 Glove 5 型 5 传感器数据手套的无线版本。无线手套系统通过无线电模块与计算机通信（支持的最远距离为 20 米），无线电模块与计算机的 RS-232 接口相连。这两种数据手套有左手和右手两种型号可供选择。手套是由可伸缩的合成弹力纤维制成的，可以适用于不同大小的手掌。该手套还可以提供一个 USB 的转换接口。

　　5DT 的 Glove 16 型 14 传感器数据手套每根手指有两个传感器，能够很好地区分每根手指的外围轮廓。系统通过一个 RS-232 接口与计算机相连接。

　　5DT 的 Glove16 型 14 传感器无线数据手套是 Glove 16 型 14 传感器数据手套的无线版本。

新版的 5DT 数据手套系列产品应用了彻底改良的传感器技术。新的传感器使手套更舒适，并能够在一个更大尺寸的范围内提供更稳定的数据传输，其数据干扰被大大降低。

该系列数据手套 SDK 兼容 Windows、Linux、UNIX 操作系统。由于其支持开放式通信协议，所以能在没有 SDK 的情况下进行通信。新版的 5DT 数据手套支持当前主流的三维建模软件和动画软件。

7）CaptoGlove

2017 年，CaptoGlove 公司在当年的 GDC 大会上展示了其研发已有五年时间的可穿戴控制器 CaptoGlove，如图 5-20 所示。一个月后 CaptoGlove 公司宣布启动 Kickstarter 众筹，为其全新的无线 CaptoGlove 募集资金。这款设备最初旨在协助中风患者的手部运动恢复。后来 CaptoGlove 公司将该技术开发成一款可穿戴的无线控制器，将其用于所有类型的虚拟现实。这款设备使用了 Flexpoint 提供的柔性弯曲传感器，以及可洗涤、透气性良好的纺织品。

CaptoGlove 通过蓝牙连接，可兼容所有的 VR 头戴式显示器和 iOS/安卓智能手机。CaptoGlove 声称，"产品可支持一切 PC 游戏，包括过去和现在"。另外，所使用的手势都可通过 iOS、安卓和 PC 上的免费应用程序进行定制。

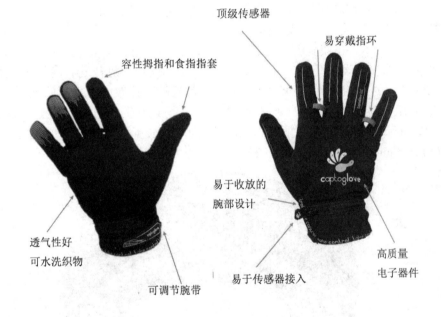

图 5-20　CaptoGlove

5.1.3　嗅觉与味觉感知的进展

根据虚拟现实技术的沉浸性特征，虚拟现实的感知系统应该能够让使用者感知到和真实世界相同的虚拟世界的各种刺激，包括视觉、听觉、触觉、嗅觉、味觉等。目前，在视觉、听觉和触觉上，虚拟现实技术已经取得了很大进展。对于嗅觉和味觉，虚拟现实技术还处于尝试阶段。

1. 嗅觉感知的实现

嗅觉是一种由感官感受的知觉。它由两种感觉系统参与，即嗅神经系统和鼻三叉神经系统。嗅觉和味觉会整合和互相作用。嗅觉是一种远感，通过长距离感受化学刺激的感觉。

气味学家汉斯·哈特认为："嗅觉亦被称作化学感觉，是生物最原始的感知方式。没有嗅觉，单细胞生物就无法觅食，也无法区分易消化和不易消化的食物。"正因如此，与后期进化而来的听觉和视觉相比，嗅觉与人们的记忆和情感系统的联系更直接。

气味的应用从 VR 的出现开始就一直受到开发人员的关注。Oculus 的首席科学家 Michael Abras 表示："未来 VR 的发展，聚焦在视觉的完善、听觉的立体感和触觉的及时反馈上，如果要让用户完全沉浸其中，那么需要发展嗅觉的化学反应。"

气味模拟技术现在还处于发展初期阶段。最早的气味模拟落地项目可以追溯到 2006 年，美国一所创新技术研究所研制出一种可模拟战争气味环境的 DarkCon 模拟器。该模拟器可以在训练场地中制造爆炸的炸弹、燃烧的卡车、腐烂的尸体和街道上的污水等物质散发出的气味，让即将前往伊拉克的士兵提前接触这些难闻的气味，经过这种模拟器训练的士兵能更快地适应实战环境。

与其他先行技术一样，气味模拟早期也被应用于军事中。早期的气味模拟通过在场地中安装气味释放器进行气味传播，在效果上显得单一和笨拙。

随着 VR 的普及和发展，越来越多的人为了追求更沉浸的体验，开始把注意力扩散到嗅觉领域，寻求便携式的虚拟嗅觉体验。

2017 年，日本 VR 嗅觉开发初创公司 VAQSO 曾获得 60 万美元的融资，将其用于 VR 专用的气味模拟设备开发，并于 2018 年带来了气味发射开发者套件 VAQSO VR。相对于 2017 年的初始机，VAQSO VR 将之前的直板设计改成了扇形的气味发射配件，且为 VR 头戴式显示器设计了专门风扇，根据 VR 场景发生的不同情况发射不同的气味，如图 5-21 所示。该开发者套件售价（税前）为 999 美元（运费额外加 10 美元），体积为 147mm×30mm×83mm，质量为 125g。

图 5-21　VAQSO VR

VAQSO VR 现有的十五种气味分为环境、食物/饮料和其他三大类，环境类气味包括海洋、火（火药）、森林、木头、泥土的气味；食物/饮料类气味包括咖啡、巧克力、咖喱和炸鸡的气味；其他类气味包括僵尸、薄荷、汽油和鲜花的气味。

值得一提的是，其替换芯内为液体，如图 5-22 所示。替换液体的价格为每瓶 70 美元，有 15 种气味可选。此外，该公司计划未来推出面向企业客户的气味定制服务，每类气味售价为 3000 美元。

图 5-22　VAQSO VR 替换液体

　　VAQSO VR 可同时装载 5 种不同的气味替换芯，每个替换芯可持续使用约一个月。此外，开发者可通过该公司开发的 API 控制气味的强度、检查气味模拟器电量、切断气味等。VAQSO VR 还支持 Unity、Unreal 和 CryEngine 引擎。

　　VAQSO VR 外形小巧，能够通过磁体吸附在 VR 游戏头戴式显示器的下方，如图 5-23 所示，里面则注入具有特殊气味的香水。开发人员根据游戏进度，可以编程控制 VAQSO VR 的开关，使用者便可以感受到虚拟世界的气味变化。

图 5-23　VAQSO VR 与头戴式显示器配合应用

　　除了 VAQSO VR 外，一家名为 Feelreal 的公司也在模拟嗅觉的路上努力前行。2015 年，Feelreal 为其研发的嗅觉装置原型机发起的第一次众筹活动以失败告终后，2019 年 4 月，Feelreal 为其 Feelreal Multisensory VR Mask 再次发起了众筹并大获成功。

　　Feelreal Multisensory VR Mask 旨在提高虚拟现实体验的沉浸感，产生各种气味，如烧焦的橡胶和火药的气味，薰衣草和薄荷等的气味。

Feelreal Multisensory VR Mask 有五个版本，分别支持 Oculus Rift、HTC Vive、SONY PSVR、Samsung Gear VR 和 Oculus Go，这五个版本价格相同，零售价为 299 美元。Feelreal Multisensory VR Mask 与头戴式显示器的配合应用如图 5-24 所示。开发商计划提供多达 255 种气味，以方便用户自己混搭。

图 5-24　Feelreal Multisensory VR Mask 与头戴式显示器的配合应用

　　Feelreal 开发的香味发生器，可容纳一个容易更换的墨盒，其中包含 9 个独立的香薰胶，如图 5-25 所示，用户可以选择并组合任何可用的 255 种香味，并根据 VR 体验安装和更换。Feelreal 研制的香水都以公司独有的 CleanScent 保证为标志，是用绝对安全的材料和方法制造的。所有的香气都是由著名调香师、嗅觉专家和香水评论家 Bogdan Zubchenko 独家设计的。

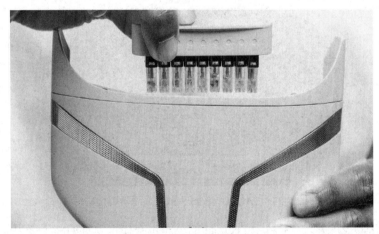

图 5-25　香味发生器的结构

　　除了模拟嗅觉，该嗅觉装置还配备了两个力反馈触觉电机，如图 5-26 所示。当虚拟世界中存在感知的冲击或接触时，它们会立即启动。用户会瞬间感觉到对手的冲力，或通过强大的触摸振动系统感受到怪物的咆哮和振动，这使得游戏体验更加真实。

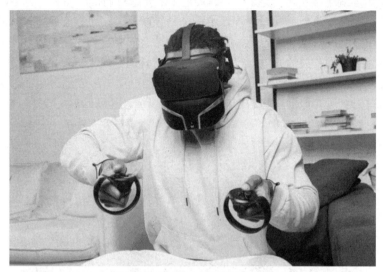

图 5-26　两个力反馈触觉电机

该嗅觉装置使用超声波电离系统制造水雾，根据虚拟环境将水雾喷洒在用户身上，可以模拟下雨、海洋喷雾、森林中的雾气，甚至一些地下城生物向体验者吐痰的感觉。Feelreal的微型冷却器和微型加热器可产生温度和模拟天气，可以使用户感受到热气息或微风。Feelreal Multisensory VR Mask 的功能如图 5-27 所示。

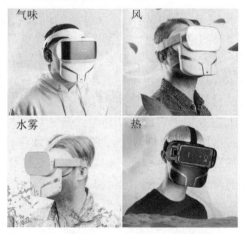

图 5-27　Feelreal Multisensory VR Mask 的功能

为了方便用户的使用，Feelreal Multisensory VR Mask 极其轻便。它使用磁性安装座固定在头戴式显示器上，质量仅为 200g。插入香水盒，扣上面罩即可使用。面罩使用蓝牙或Wi-Fi 连接头戴式显示器，不需要额外连线。该设备允许开发者使用 Feelreal SDK 为自己的应用程序添加支持。

2．味觉感知的尝试

从理论上说，如果想让用户在虚拟世界有嗅觉和味觉的感受，不需要制造真实的气味和食物，直接将信息传递到神经中枢，让用户感受到"我闻到了什么，我嗅到了什么"。

新加坡国立大学一个团队的电气工程师和首席研究员拉纳辛哈（Nimesha Ranasinghe）说："味觉是人类不可或缺的基本感觉之一，但是在互联网传播中，味觉传播几乎闻所未闻，这主要是由于味觉缺乏数字可控性。"该团队正在研究这种新的味觉技术。这种新技术被称为数码味觉接口，包含两个主要模块，其中一个是控制系统，可以配置不同性质的刺激，包括电流、频率和温度。据拉纳辛哈说，把这些刺激结合起来，就可以欺骗味觉传感器，让它们以为正在体验和食物有关的感觉，但事实上，它们只是在体验第二模块传递的温度变化和电刺激。第二个模块叫作"舌头接口"，是两片薄薄的金属电极，通过电刺激模拟酸、咸、苦的感觉，通过热刺激模拟薄荷味、辣味和甜味，如图 5-28 所示。

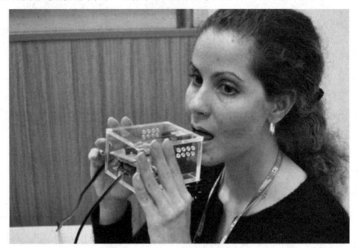

图 5-28　拉纳辛哈团队研发产品演示

为了传递数字味觉，拉纳辛哈团队使用了一种新的可扩展标记语言格式：TasteXML（TXML），用来指定味道消息的格式。目前，团队的研发重点是把味觉当作一种数字可控的媒体，应用在 VR 和 AR 领域，同时探索不同领域的应用方案。

该团队希望让这种技术实现商用，也正在对数码味觉接口进行一些重大更新。他们想用一种更好的方式使用舌头传感器，目前使用舌头传感器需要用户张开嘴，伸出舌头，把金属片放在舌头上，这让人很难相信自己正在体验美味佳肴。为此，他们希望能够提供一个可以含在嘴里的接口——"数字棒棒糖"，因为它看起来像棒棒糖。拉纳辛哈相信，人们会毫不犹豫地把这些电极放在自己的舌头上，他还表示，这会让人们对电刺激如何影响舌头不同部位的味觉传感器有更深入的了解。另外，团队还希望进一步扩展感觉的范围，增加气味和质地体验。

洛杉矶 Kokiri Lab 公司推出了 Project Nourished 项目，他们已经设计出未来虚拟餐饮大餐，这个灵感源自 1991 年的美国电影《霍克船长》。在电影中，Peter Pan 学习利用想象看到空无一物的桌子上出现食物。依据 Kokiri Lab 公司创始人安珍秀（Jinsoo An）设想，体验虚拟大餐不需要刀叉、餐巾、碗碟等，只需要芳香扩散器、骨传导传感器、陀螺仪、虚拟鸡尾酒杯及 3D 打印食物。

用户可以戴上看起来更像艺术品的虚拟现实头戴式显示器，可以进入另一个世界的门户，用户将会沉迷于这个世界的美食中。骨传导传感器被绑定在用户脖子上，可以模仿咀嚼的动作。通过软组织和骨骼这个传输通道，咀嚼的感觉从佩戴者的嘴部被传送到耳膜。一旦进入虚拟世界，芳香扩散器就会利用超声波和加热的方式，散发出各种美食的香味，如图 5-29 所示。

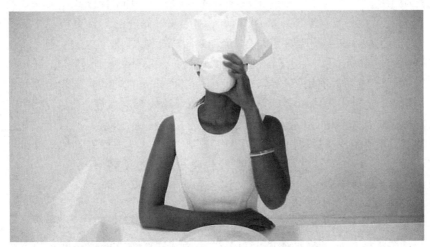

图 5-29　Project Nourished 项目的演示画面

　　Kokiri Lab 公司解释称:"我们对美食的感知来自不同的感官,这些感官又源自我们对所吃的食物的视觉、味觉、听觉及气味、纹理等的反馈。通过分离各种气味,并重塑食物的口味和纹理剖面,再与虚拟现实、芳香扩散及感官相结合,我们就可以模仿惊人的饮食体验。"

　　这个新概念不仅是为那些想要减肥或对某些食物过敏的人设计的,Kokiri Lab 公司发现该产品还有助于患有饮食紊乱症的病人康复,帮助孩子学习如何吃健康食物,甚至让宇航员在太空中依然能够享受他们最喜欢的食物。

　　Project Nourished 已经可以接受预订,"Pepa 001 Starter Kit"套餐包括气味盘、可下载的 360°全景 VR 视频等,售价为 59.84 美元。用户需要自备智能手机。

5.2　虚拟现实技术在各领域中的应用

5.2.1　教育领域

　　从国际上来看,虚拟现实产品公司早早地盯上了教育市场。各大拥有虚拟现实业务的公司都在努力向学校推销设备和软件。谷歌宣布了 Expeditions Pioneer 项目,向老师们提供所需的全部设备,利用虚拟现实技术带领学生们展开各种各样的冒险之旅,如进入海底或外太空等;随后又与加州顶尖公立学校合作,免费推广虚拟现实的教室系统。苹果公司在销售硬件的同时想用 iBooks 取代教科书。日本某地小学与三星合作,利用 Gear VR 免费为学生提供礼仪教学服务,这在日本国内引起虚拟现实教育的热议。美国 zSpace 公司也是一家为 VR 教育提供解决方案的典型公司。他们研发的 zSpace 由一台单独的计算机和 VR 显示器组成,并配有触控笔,帮助学生操纵虚拟 3D 物体,加强学习体验。

　　当前,将电子游戏用于教育有很大的潜力。知名模拟和教学游戏,如《模拟城市》和 *MathBlaster* 已被应用于美国的小学教育。微软公司除了给教师配置教育工具类应用,还增加了一项新的玩具——沙盒游戏 *Minecraft* 的教育版本,希望让学生们通过玩游戏学到知识。在美国,人们对于能帮助学生学习的游戏的观念正在改变,教育界也有不少人看好 *Minecraft* 给学生补充知识的能力。"第二人生"(Second Life,SL)是一个模拟真实社会的大型多人在线角色扮演平台，作为一种沉浸式游戏学习环境，SL 应用在合作式学习中具有较大的发展潜力。有研究发现，教育技术学、媒体研究、定性研究方法、计算机科学、历史学、女性研究、写作与出版、文化研究和管理学等学科都曾在 SL 中被教授过。基于 SL 的学习环境有三个特点：包含交互和知识建构的沉浸式环境；所有用户创造维护；注重网络社交。这些特点使得 SL 成为目前用户最多、最流行、相对开放的沉浸式游戏学习平台。数百家教学机构利用 SL 向学生提供机会，使他们在虚拟环境中参观大学、访问名胜古迹。

目前，国内提出把 VR 技术应用在教育领域的公司包括新东方、百度、安妮股份、厦门创壹软件等。其中，安妮股份也启动了虚拟现实项目，以虚拟现实技术开发儿童教育产品；百度则计划于 2017 年在贫困山区的学校构建一些 VR 教室。

虚拟现实技术在教育领域中的应用，主要表现在以下几方面。

1）模拟训练

虚拟现实技术在教学中应用几乎最成功的案例就是模拟训练系统的开发与研制。空间探索和军队战争训练需要高昂的费用，以及这些领域需要极高的安全性与可靠性，使得虚拟现实技术最早应用在了这个领域，并且发挥出了巨大的使用价值和商业价值。随着社会的进步，虚拟现实技术延伸到一般的医学教学、汽车驾驶及电器维修等需要培养各种操作技能的领域。在动作技能的学习中，学习者只有从虚拟现实系统中接收到操作或动作的反馈才能有学习的积极性。因此，在运用虚拟现实技术研发模拟训练系统时，应该具体考虑学习产生的条件及教学效果，这种模拟训练系统应该能够提供真实的模拟训练的情景，校正学习者的错误，以及跟踪学习者的学习过程。虚拟现实的沉浸性和交互性，非常有利于学习者的技能训练，包括军事作战技能、外科手术技能、教学技能、体育技能、汽车驾驶技能、果树栽培技能、电器维修技能等各种职业技能的训练。

2）虚拟实验室

利用虚拟现实技术建立的各种虚拟实验室（Virtual Lab）在教育上应用前景广阔，尤其在物理、化学、生物等需要实验的学科和在真实实验过程中存在危险的学科中。创建这种虚拟环境的演示物体可以摆脱真正实验室所需要的贵重的设备，在不降低教学效果和保证人身财产安全的同时减少了教育部门的实验开销。从虚拟现实的体验来看，利用虚拟现实技术，建立各种虚拟实验室，如地理、物理、化学、生物实验室等，拥有传统实验室难以比拟的优势。虚拟实验室基本上分为两种：一种是由编程者设计只能插入并操作实验中有限的实物的系统，这是现今大多数虚拟实验室系统的工作环境；另一种是基于广泛学科领域知识的虚拟现实系统。虚拟实验室可以被称为协作式虚拟环境（Collaborative Virtual Environments，CVE）中的一种，高级的 CVE 系统甚至能模拟真实实验室中学习者之间以协作方式为主的需要共同完成的学习任务。学生可以在和真实实验室几乎相同的学习环境中学习：学生之间可以相互讨论所学的知识。在虚拟环境中以替身的身份进行实验，学生将消除社会情感因素，从而更加专注于实验的过程，更好地完成教师布置的学习任务。另外，利用虚拟现实技术建立起来的虚拟实训基地，其"设备"与"部件"多是虚拟的，可以根据需要随时生成新的设备。同时，可以不断更新教学内容，使学生实践及时跟上技术的发展。

3）虚拟学习环境

真正对虚拟现实学习环境的研究是对分布式真实虚拟现实感的教学环境的开发与应用进行研究，通过人体模型或者化合物等分子结构演示的虚拟体验，教育者和学习者之间，或者学习者和同伴之间可以在一个虚拟的现实空间中，进行虚拟人之间的、面对面的情感交流，实现基于目标的自主探究性学习、基于资源的研究性学习、基于交互的协作与共享性学习。虚拟现实技术为学生提供生动、逼真的学习环境，如建造人体模型、计算机太空旅行、化合物分子结构显示等，在广泛的科目领域提供无限的虚拟体验，从而加速和巩固学生学习知识的过程。

虚拟学习环境在远程教育中发挥着重要的作用。教育培训机构和企业培训等使用的远程教学以单向老师讲课为主、与学生互动为辅，难以适应远程教育的发展需要。之前讲述过，关注虚拟现实促进远程教育社交合作的坎贝尔团队正在研究在教育中使用遥在技术和虚拟现实技术，探索如何让身处遥远地方的教师出现在远程教学的环境里，同时教师能够感受到远程学生的学习情况。随着计算机虚拟技术的不断成熟和虚拟技术操作更接近于大众化，虚拟课堂在各大院校及企业大学中的应用必然更广泛、更灵活、更智能，对现今教育体制改革和职业人才培养将起到更大的推动作用。

4）虚拟图书

在教育领域里最早运用增强现实技术的案例是毕灵赫斯特制作的魔法书（Magic Book）。它将书本内容制作成 3D 场景和动画，并且利用一个特殊的眼镜让儿童看到虚实相结合的场景。顿瑟和霍纳科尔以寓言故事为载体，通过阅读来完成故事设定的挑战性任务，对儿童的学习行为进行观测和分析。研究发现，儿童普遍认为 AR 环境新颖有趣。而后他们又根据数据反馈，设计了针对七岁儿童阅读的 AR 书，该书主要分析儿童是如何将真实世界的知识技能与 AR 环境建立起有意义的联系。研究结果表明，AR 交互与真实世界的交互基本一致，而这种新奇的显示效果使他们的阅读兴趣大大提升。

国内的蔡苏、宋倩和唐瑶在 2010 年提出增强现实学习环境的架构，并基于此创作了一本增强现实概念演示书：未来之书。该书选取了物理学科中的单摆、牛顿定律等实验呈现虚实相结合的效果，作为国内最早的增强现实书，未来之书参展 2010 年第十七届北京国际图书博览会，获得了与会者的好评。

5）科学研究

国内许多高校建立了国家重点实验室以开展虚拟现实方面的研究工作。其中北京航空航天大学建立了虚拟现实技术与系统国家重点实验室，为我国自行研制的歼 8 飞机研制了虚拟现实飞行模拟器。浙江大学计算机辅助设计与图形学（CAD&CG）国家重点实验室也开发了桌面虚拟建筑环境实时漫游系统。其他高校如清华大学、西安交通大学对虚拟现实的真实感和立体显示技术都进行了广泛的研究，这使得我国在虚拟现实基础理论研究方面硕果累累。

同时，许多高校都在积极研究虚拟现实技术及其应用，并相继建立了虚拟现实与系统仿真的研究室，将科研成果迅速转化为实用技术。

5.2.2 军事领域

军事仿真训练与演练是 VR 技术最重要的应用领域之一，也是 VR 技术应用最早、最多的一个领域。美国国防部将 VR 技术列为21 世纪保证美军优势地位的七大关键技术之一。将 VR 技术应用于军事演练，带来了军事演练观念和方式的变革，推动了军事演练的发展。

1983 年，美国陆军和美国国防部高级研究计划局共同制订并实施了 SIMNET 计划。可以说，SIMNET 是最早的真正意义上的分布式虚拟环境。此后 20 多年，随着计算机技术、网络技术等构造分布式虚拟环境所需关键技术的高速发展，以及军事仿真训练需求的不断提高，用于军事仿真训练的分布式虚拟战场环境也发生了巨大变化。图 5-30 所示为美国军方早期应用的有代表性的、具有里程碑意义的分布式虚拟战场环境系统。

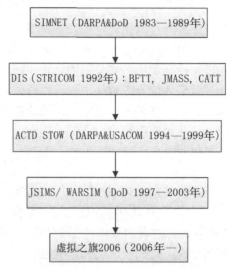

图 5-30　美国军方早期应用的有代表性的、具有里程碑意义的分布式虚拟战场环境系统

SIMNET 将分布于美国和德国的多个基地，包括约 260 辆坦克、战车仿真器、指挥中心通过计算机网络连接起来，进行各种复杂战术任务的综合训练，演示人在回路、仿真器在作战环境下的功能和性能。

总结 SIMNET 研究、开发和应用过程中积累的经验，美国军方和工业界在 SIMNET 基础上，共同倡导并着手建立异构型网络互联的分布交互仿真系统，将其作为美国面向 21 世纪的一种信息基础设施，并着手在各兵种开展各种高级概念技术演示项目 ACTD（Advanced Concept Technology Demonstration）的研究开发。这种 ACTD 项目有几十个，典型的有：美国海军开发的用于训练各类船员操纵设备和舰长海战指挥能力的训练系统 BFTT（Battle Force Tactical Training），美国 Wright Patterson 空军基地开发的主要用于电子战建模、测试与评估的系统 JMASS（Joint Modeling and Simulation System），美军 TMA 投资，并由仿真、训练与设备司令部 STIR-COM 管理的训练系统 CATT（Combined Arms Tactical Trainer），CATT 用于战术对抗演练，以及各兵种营以下级别的指挥人员的训练。

当单兵种虚拟战场环境发展到一定规模与水平后，美国军方开始研制具有一定规模的多兵种联合作战综合演练环境。从 1994 年起，美国国防部高级研究计划局和美军大西洋司令部联合开展了高级概念技术演示项目 ACTD STOW（Synthetic Theater of War）的研究开发。该项目的目的是研究武器仿真平台或实体级分布式虚拟战场环境在达到一定规模后，支持战术演练、训练指挥与参谋人员的效果，以及用演练结果评价作战计划的可能性。

STOW97 是 STOW 计划的一个重要里程碑。1997 年 10 月，美军在美国的一个先进的 ATM 广域网络 DSI（Defense Simulation Internet）上举行了 STOW-97 联合演练。由海、陆、空等多家单位开发的仿真实体参与了同一联合仿真演练任务，参演实体数目达到 370 个左右，参演对象达 800 个以上。在 STOW 的研究开发中，其体系结构 STOW-A

（STOW-Achitecture）也受到重点关注。STOW-A 的任务是使军队能够在分布式无缝交互环境中进行操作，并与 C4ISR 系统进行衔接。

美军联合模拟训练系统 JSIMS 则是美国国防部在 2003 年完成的一个以 STOW 为技术基础、支持多兵种联合军事仿真演练的分布式虚拟战场环境系统。JSIMS 可以为美军海、陆、空、空间和特种部队各兵种提供战争各个阶段战争动员、战役、战术部署、补给与重新部署等不同任务的联合仿真训练与演练支持。

战士仿真系统 WARSIM 是 21 世纪的新一代战争模拟系统，满足 JSIMS 陆军部分的需求，并提供一个逼真的联合战争空间环境，包括军团战斗模拟（CBS）训练、战术智能模拟（TACSIM）和陆军部分的战争综合演练场（STOW-Army）。该系统采用了聚合类仿真协议 ALSP，将构造性虚拟实体与虚拟战场环境结合起来支持训练和演练。

2004 年，美军联合作战司令部提出在军事转型形势下军事作战模拟和训练面临的需求和任务，强调必须建立基于 VR 和虚实结合的生动、逼真、构造性的训练环境。2005 年 11 月，美国军方完成了一次新的代号为"虚拟之旗 2006"的全美范围的虚拟军事演练，这次演练在全美联网的虚拟环境中完成，30 余架飞机的机组人员可以在各自的基地参与演练。2006 年 4 月，美国陆军和联合作战司令部共同组织进行了采用虚实结合的"统一探索 2006"军事演练。

军事仿真演练也是我国 VR 应用较早的领域。从 1996 年开始，在"863"计划的资助下，以北京航空航天大学为系统集成单位，联合国内多家单位，持续开展了分布式虚拟环境 DVENET 的研究开发工作，并取得一定成果。DVENET 主要由环境系统和一系列开发工具组成。为了验证 DVENET 的支撑能力，测试其可靠性和稳定性，这些单位开发了一个基于 DVENET 的军事演练概念演示系统"飓风 2000"。"飓风 2000"包括潜艇海战、舰船登陆和坦克连进攻战斗等内容。

虚拟现实军事模拟训练系统是以虚拟现实技术为核心的新一代模拟训练系统，在传统的计算机模拟训练系统的基础上，强调受训人员以第一人称高度沉浸在模拟环境中，"身临其境"是其最显著的特点，具体归纳为以下几点。

（1）这是一套以超高清晰度、超大视场角的显示设备加上听觉、触觉、嗅觉、味觉等感知设备为特色的综合演练系统。传统的训练系统仅能提供战场环境和武器装备等的二维或三维可视化显示，受训人员是置身于场景之外的"旁观者"，而虚拟现实训练系统的受训人员将以"第一人称"置身于模拟场景中，并能真实感受到子弹掠过耳际的呼啸声、物体被烧的焦糊味、身体中弹的疼痛感、鲜血的咸甜味等，具有高度真实感。

（2）受训人员能以第一人称与模拟场景中的对象进行自然的交互。传统的训练系统只能通过键盘、鼠标对目标进行控制，而虚拟现实训练系统可以通过体感手势、动作捕捉、运动追踪等技术实现受训人员与目标的自然交互，如直接挥拳踢腿击打敌人、手握模型枪开枪射击、用虚拟工具维检武器装备、模拟舰机坦克的操控等。

（3）720°全景及全要素动态场景模型。传统的训练系统只可以实现三维立体场景建模，并将空间地理信息、气象信息及大量不具备物理实体的战场要素信息以图表、文字的形式进行显示，而虚拟现实训练系统可以对场景进行 720°全方位动态建模，并且支持气象特效（云、雨、雪、雷电等）、光照特效（白天、黑夜）的显示和采用仿真数据可视化技术对大量重要的不具备物理实体的战场要素信息进行可视化显示，使受训人员更真实地感知目标场景，更直观地获取战场细节。

（4）集中式模拟与分布式模拟、单项训练与联合作战训练高度结合。虚拟现实训练系统综合运用了虚拟现实技术与计算机网络、大数据、云平台等先进技术，既可以将整个模拟系统集中在一个或几个相邻的建筑物内进行集中式模拟训练，也可以通过信息网络把分布在不同地点、相互独立的模拟系统或模拟器材联结起来形成分布式模拟训练系统；既可以进行射击、跳伞、舰机坦克驾驶等单项训练，也可以将多种模拟系统联结到一起，甚至陆海空进行一体化联合作战模拟演习。

虚拟现实军事模拟训练系统按功能要求分为环境感知与态势侦测分系统、场景动态模型与数据分发分系统、中央控制分系统、虚拟现实态势显示分系统、虚拟现实头戴式显示分系统、沉浸式交互输入与反馈分系统、效能评估分系统七个组成部分。

虚拟现实军事模拟训练系统作为连接战争准备和实战之间的桥梁，根据不同的训练对象和训练任务，可以满足不同训练内容的需要，具体训练内容有如下几点。

（1）单兵技能训练。通过佩戴虚拟现实头戴式显示器及传感器外设，在逼真的虚拟场景中训练战士的战场心理素质、装备使用技能及个人战技战术等。例如，伞兵跳伞训练、舰机坦克模拟驾驶训练、射击模拟训练、战场环境心理适应性训练、特种兵战术技能训练等。由于 VR 系统能够逼真模拟各种真实场景，受训者甚至可身临欧洲、伊拉克、东海、南海等各种战场环境，在沙尘暴、浓雾、巨浪等几乎贴近实战的环境中，与敌方坦克、舰船、飞机等展开战斗，可以大大提高受训者的战术技能和反应能力，从而提高战场条件下完成作战任务的能力和自己的生存能力。

（2）武器装备维检培训。通过实物建模，受训者只需佩戴 VR 设备就可以在虚拟场景中对坦克、飞机、舰艇、导弹等武器装备进行反复"拆卸和组装"，也可以对装备故障进行检查和维修，大大提高了对大型武器装备进行维检培训的便捷性，有利于受训者充分熟悉武器装备，为战时武器装备的故障检修赢得宝贵的时间。

（3）红蓝对抗演练。运用虚拟现实系统，对包括两支或多支对抗力量的军事冲突进行实战化模拟。通过对综合自然环境的感知和全景建模，可以对作战方案或作战行动进行多方位的论证，计算各军兵种的武器配备、排兵布阵、后勤保障和攻防作战能力，并通过红蓝模拟对抗进行态势观测和毁伤评估，经过比较挑选出最佳作战方案。虚拟现实模拟演练系统可以使指挥员置身于陆海空天电网的全维作战空间，充分发挥指挥艺术和指挥才能，为实战探索最优方案。

（4）理论验证。运用虚拟现实模拟训练系统，可以为战争理论和新式武器装备研发提供检验手段。例如，网络战、电磁战等新的作战理论不能等到战争打响再进行检验，VR 模拟系统可以提供"准战场化"的验证。为降低新式武器装备的研发风险、缩短研制周期、降低装备造价，可以先通过 VR 模拟训练系统在拟真的战场环境中对新式武器装备进行试验，以试验结果确定技术参数和最佳技术方案，再进行首件样品的制作，从而最大限度地降低风险和造价，实现装备研制的最佳效益。

战争和游戏，本质上并无不同，游戏就是虚拟的战争，战争也可以视为残酷的游戏，虚拟现实技术用于军事模拟训练将有力推动军事智能化。虚拟现实军事模拟训练系统就是综合运用虚拟现实技术，在视觉、听觉、触觉、嗅觉、味觉等方面为受训人员生成一个极为逼真的未来战争虚拟环境，模拟未来战争可能发生的各种情况，提高受训人员处理各种高危和突发事件的能力。

目前，军事领域仍然是 VR 技术应用最迫切、应用系统开发最多的领域之一，美军未来作战系统（Future Combat System，FCS）概念的提出及各种新装备的研制，对于如何利用 VR 技术进行新装备下的平台级和协同式训练提出了更高的要求，这必将对 VR 技术的研究产生新的更大的推动。

5.2.3　工业领域

推动工业 4.0 时代需要加快工业生产向智能化方向的发展，而虚拟现实技术的出现给工业领域带来深层次的技术支持。虚拟现实技术已经改变工厂生产的展示形式，虚拟工厂（见图 5-31）系统的成功开发，从工业生产机械设备的运作状态、工况监测数据到产品的装配、调试环节，都能实现三维立体可视化，让生产场景真实地呈现在人们眼前。

工业生产一直属于劳动密集型产业，很多制造设备都需要人进行操作控制，因此工厂需要花费额外的人力、物力进行新人培训，若在不熟悉操作流程的情况下，直接对设备进行操作，必然因操作失误造成设备损坏，给企业带来巨大损失。另外，一些危险操作还会威胁员工的生命安全。而 VR 工厂系统能够很好地解决这些问题，员工直接在虚拟工厂中进行设备操作，能够更加安全准确地掌握各类专业技能。

图 5-31　虚拟工厂

工业 4.0 时代已经逐渐靠近，要想在巨大环境下抢占先机，充分利用虚拟现实技术对企业来说尤其重要。虚拟现实技术在工业中的应用主要有以下五个方面。

1）工厂规划

工厂规划是一个庞大的项目，涉及多个设计团队，包括工厂建设、控制系统和子系统。使用虚拟现实技术可以避免许多问题，通过对工厂环境进行三维建模，可以将所有建筑布局呈现在眼前。通过创建一个虚拟世界，可以让所有设计都具体呈现，从而简化设计组之间的协作。

2）数据可视化

虚拟现实提供了对工业机械设备的监控和协作的新方法。虚拟现实技术可以让用户在中央控制室中对整个工厂设备进行可视化监控，所有数据都能以多角度显示。另外，用户可以通过虚拟模拟将设备动作轨迹进行动态演示，让管理者对生产设备设置科学的参考。虚拟现实工业系统还可以从设备上的传感器中导入数据，实时监控设备工作，如图 5-32 所示。

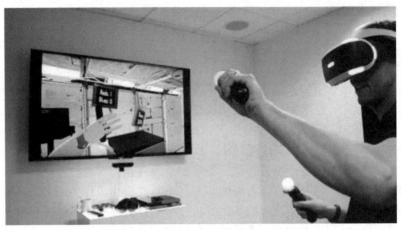

图 5-32　利用虚拟现实监控设备作业

3）虚拟装配

虚拟现实技术还提供了一种全新视角，帮助企业观察产品及产品制造的过程。虚拟机械装备可以帮助工程师在不需要实体模型的情况下进行产品虚拟设计、装配，如图 5-33 所示，从而让设计决策更可行。

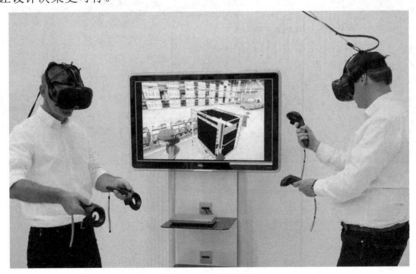

图 5-33　虚拟装配

4）虚拟培训

虚拟现实技术提供了一种方便企业进行机械操作培训的新方法，让学员在上岗前就能熟悉整个工厂的环境，另外员工还可以在虚拟工厂中进行机械操作训练。虚拟现实系统通过语音及虚拟标签进行培训教学，如图 5-34 所示。在安全生产和突发安全事故应对上，虚拟现实系统更能体现优势。在现实世界中不可能时刻发生安全事故，而虚拟现实技术能够将事故重现，同时科学引导用户进行应急处置。

图 5-34　借助虚拟现实技术进行培训教学

5）虚拟维护

虚拟现实系统能够将设备的常用故障问题预设到系统中，企业在售出机械设备后可以将 VR 维修系统赠送给消费者。消费者在使用设备出现故障时，可以在虚拟现实系统中找到解决方案。虚拟现实系统能够通过智能指示功能引导消费者一步步进行设备维护，这无疑给企业售后减轻了不少压力。

随着虚拟现实技术的不断成熟，其将会成为未来工厂发展中不可或缺的一部分，成为推动工业企业迈向工业 4.0 时代的技术力量。

5.2.4　文化与娱乐

文化作品是现实生活的反映，消费者欣赏文化内容的过程也是体验真实人生的过程。现代的消费者更倾向于体验虚拟的内容，目的是感受想象中的世界，有的内容是对未知世界和未来的假想推测。例如，穿越类的小说、有关宇宙探索的电影，消费者需要一些新鲜、刺激、与现实生活差异化的文化体验，这是未来文化消费的特点之一。

基于以上对文化消费特征的分析，可以发现，虚拟现实技术很好地契合了用户的消费需求。互联网连接一切，基于虚拟现实的连接将进一步改变世界，让分布在地球上不同地域的人在同一个虚拟场景里实现面对面的交流，表达更加充分，互动更加深入，陪伴感更强，连接的方式也更加紧密。随着技术的发展，虚拟化的世界也更加真实，能够帮助消费者以更丰富的方式体验未知的世界。基于虚拟现实的社交也将成为更重要的产品形态，这种产品形态恰恰弥补了目前眩晕感、内容缺乏等缺陷。不仅要把虚拟现实技术定位在内容生产上，还要将其定义在社交上。未来的虚拟现实技术与移动互联网、大数据、云计算技术紧密结合，必将给人们的社交带来全新的转变。

虚拟现实技术在文化产业领域的应用非常广泛，在创意的支持下，未来将形成一个产业应用矩阵，主要包括以下几方面。

（1）实物再现。虚拟现实技术可以把现实中已经不存在的历史文物、文化场景或者消费者不容易到达的目的地实景进行再现和还原，在博物馆、考古、科普、旅游等领域可以广泛应用。

（2）内容娱乐。作为新媒体的一种形态，虚拟现实技术必然带来内容产业的创新，在影视、动漫、游戏、演艺等领域创造出新型的内容产品。目前，行业已经开始了积极的探索和尝试，内容不足仍然是一个重要的问题。

（3）设计创意。虚拟现实技术的实时交互界面和真实再现的功能，可以帮助设计师全面地、立体化地设计作品，实现传统媒介环境下不能实现的创意，并减少错误率和重复率，降低设计成本，在时尚、广告、建筑、工业等领域必然得到设计师的青睐。

（4）新闻出版。广播电视行业已经开始通过虚拟现实技术进行新闻报道、赛事直播等尝试，取得了良好的效果。在出版领域，通过二维码和智能终端的结合，实现了纸质出版物和场景再现的结合，未来的出版必然迎来更多的出版物形态。

（5）连接互动。虚拟现实技术帮助用户实现更新形态的连接，远程会议、电子商务的方式将发生根本性的改变，如在服装购买上，用户可以在线上直接实现逛街体验，进行服装试穿，这种购物行为将彻底颠覆线上线下的商业模式。

虚拟现实技术使艺术手段更加丰富，为人类精神文化生产提供更多的可能。文化产品是为人类内心需求服务的，通过虚拟的生活解决现实生活中无法满足的精神文化需求，这是未来文化生产的一种方向。虚拟现实技术将在四个方面推动文化产业的进一步发展：一是推动文化产品的内容创新；二是推动文化产品的外在形式的创新；三是激发消费者新的文化需求，促进文化消费升级；四是重塑文化产业的产业链，促进整个文化产业链条的升级。

VR 游戏在各个游戏展会中占的比重越来越大。在 2019 年 3 月的 PAX East 游戏展上，索尼公司展出了 27 款 PS VR 游戏。

VR 未来的发展势必会与游戏、电影结合在一起。我们已经看到，目前的许多 VR 影片已经利用硬件的优势，在其中增加大量互动环节。而游戏为了提高效果的震撼，也在其中加入大量的影片效果。例如，2018 年 5 月发售的《底特律：成为人类》是由 Quantic Dream 制作的一款人工智能题材互动电影游戏，对应 PS4、PC 平台，如图 5-35 所示。

图 5-35　《底特律：成为人类》画面

在未来，由于 VR 的出现，电影与游戏的界限会变得越发模糊。VR 不再作为游戏或者电影的一个类型或者卖点，而成为娱乐生活的基本工具。

5.2.5 医疗

医生和科学家一样，其工作内容主要是识别、分析和解决问题，因此他们是利用新技术帮助改善患者健康的先驱者。健康在美国经济中占据 20% 的份额，而技术在美国经济中占据超过 10% 的份额，如此份额比例，这两个板块哪怕发生微小改善都会造成很大的影响。例如，培训略有改善、测试或工具稍微改进一些，或者诊断更快点，均有可能挽救数以千计的生命，乃至节约数十亿美元。因此，在医学领域，有很多新型虚拟和增强现实技术的早期创新。

很多医生一边做手术一边学习，而不是在练习中学习，他们不能刚开始就在患者身上练习，所以医生积累实际经验的进度比较慢。医务人员虽然受过高等教育，并观察过许多手术，但是在对病人进行手术之前，他们只能在一具尸体上进行操作，所以他们比有经验的外科医生差很多。从一个实习医生到有经验的医生，需要做 50～100 台手术，才能达到熟练的程度。

虚拟现实技术使外科医生能够进行真正的矫形外科手术，医生可以不再采用古老复杂且昂贵的手动模拟。因为那些逼真的模制塑料模型非常昂贵，并且只能使用一次。

鉴于 VR 的临床应用取得的显著进步，医学院校对 VR 的使用量显著增加。加利福尼亚大学的圣弗朗西斯分校医学院正在 Organon 中使用 HTC Vive，柯林斯堡科罗拉多州立大学也为其本科解剖学课程添加了 VR 设备。

尸体和教科书在教学内容传达方面有局限性。而在虚拟现实中学习，这种情况可以得到改善，医学生可以从皮肤层、骨骼、身体各个角度学习，如图 5-36 所示，每一层都可以独立移动，因此医学生可以看到肌肉和神经、器官之间的关系。如果有需要，还可以将人体结构放大到微观层面。

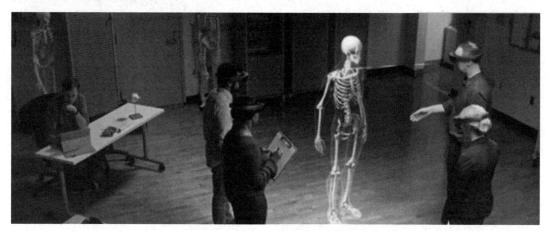

图 5-36　借助 VR 技术学习人体骨骼

凯斯西储大学的工程师与医学院合作，创建了一个令人难以置信的 Holo 解剖应用程序。该大学正在努力使这项发明商业化。牙科学校已经使用虚拟现实几十年了。牙科模拟不需要 HMD，但是培养牙医和培养飞行员一样耗费资金。牙科模拟器具有真正的仪器和机器人反馈，牙科学生站在模型边上，可以看着相邻的屏幕上播放的实时 3D 图像的程序进行模拟操作。

虚拟现实技术在医疗上的应用突出表现在以下几方面。

（1）VR 带医护人员"亲身"体验手术操作。

2016 年 4 月 14 日，专攻癌症手术的 Shafi Ahmed 医生在皇家伦敦医院使用 VR 相机完成了手术，这是医学发展史上的首次 VR 手术。每个人都可以通过 Medical Realities 网和 App 中的 VR 直接实时参与手术。从开普敦的医学生到西雅图的记者，每个人都可以跟随两个 360°的摄像头实时观察 Shafi Ahmed 医生是如何切除患者癌组织的。

虚拟现实技术将医学教学与学习体验提升到一个新高度。过去，只有少数临床医学生才能获得见习机会，观察医生实施手术的具体过程。因此，对于临床系的医学生而言，学习并掌握手术技巧是一件有难度的事情。然而随着虚拟现实技术的发展，VR 摄像技术使医生的操作视频可以全球播放，医学院的学生也可以使用 VR 眼镜进行手术实践。

（2）VR 医疗可以减轻慢性病患者的生活负担。

对于慢性病患者来说，除了生理上的病痛折磨，普遍还要承受沉重的心理压力。Brennan Spiegel 和他的团队在洛杉矶的 Cedars-Sinai 医院带领患者们走进了 VR 的世界，希望能够帮助他们释放心理压力，同时减轻他们的疼痛感。带上专用的 VR 眼镜之后，他们可以暂时从医院高高的围墙逃离，去往冰岛游览，欣赏美丽的风光，还可以与鲸鱼一起在深蓝色的海洋里畅泳。

Brennan Spiegel 认为，通过虚拟现实技术帮助患者们减轻压力和疼痛，可以减少患者们在病房及其他方面的医疗资源使用量。因此，VR 医疗不仅可以改善患者们在医院的体验，还可以在一定程度上减轻患者们在医疗保健方面的经济负担。

以 Henry 为核心成员的大学生研究团队开发了一个名叫 Farmoo 的项目，旨在帮助青少年癌症患者分散化疗时的注意力，使他们可以更专注于 VR 游戏，而不是化疗本身。

（3）VR 医疗让儿童患者们有家的感觉。

对于儿童来说，离开父母独自待在医院里是一种心理煎熬。他们会思念自己的父母、玩伴、他们习惯盖的被子，以及家里的舒适环境。一家荷兰公司将儿童的这些愿望搬进现实。通过智能手机和 VR 眼镜，可以用 360°摄像头全方位模拟患者家里、学校，以及生日聚会或足球比赛等特定场合。儿童患者虽然在住院治疗，但仍可以感受正常的生活。VR 医疗使医院的患者与亲戚朋友们有了更多的时间与空间，有助于他们维系亲密的关系。

（4）VR 医疗帮助医生体验老年患者的生活。

Embodied 实验室运用虚拟现实技术开发了"我们是阿尔弗雷德"的项目，以此向年轻医学生们展现"衰老"。在该项目中，每个人都可以拥有 7 分钟假想自己是阿尔弗雷德的体验，在 7 分钟体验中感受这名 74 岁患有视听障碍老人的生活。

开发者研究这个项目的最终目的是解决年轻医生与老年患者之间的代沟问题，这能帮助医生对老年患者的体验产生共鸣，站在患者的角度上理解病情。

近年来，我国虚拟现实和医疗不断融合，主要体现在虚拟现实技术能虚拟出特定的场景，让用户沉浸于虚拟场景中，用于心理疾病的治疗。通过模拟能让患者放松的场景，以虚拟美景让后续的心理诊疗事半功倍。

数字化技术的发展，为生活、生产带来了极大便利，虚拟现实技术已经被应用于各种医疗环境中，将医学催眠的好处带给广大患者，使其恢复更快，疼痛感降低，减少压力和焦虑。医疗行业表现出数据输入量和数据积累量的爆发式增长，有 88% 的消费者至少使用 1 项数据健康工具（远程医疗、可穿戴设备）。数据的增长一方面缩短了医学研究的创新周期，加快了药物临床实验周期，同时提升了诊断的准确率与治疗的精准化程度。

总的来说，虚拟现实技术在医疗保健领域是有很大价值的，并且具有很大的潜力。目前，与医疗保健相关的 VR 产品和服务不断增多，业内人士对 VR 医疗保健也十分重视，随着虚拟现实技术的发展，未来医疗行业将呈现新的面貌。

5.2.6　城市规划

城市规划是当今城市发展过程中极为关键的一个方面，其重要性不言而喻。只有提升城市规划的合理性和可靠性，才能保障城市发展的高效性。在具体的城市规划过程中，合理地应用一些现代化技术手段确实能够提升规划设计的准确性。随着信息技术的快速发展和应用，城市的信息化进程不断加快，"虚拟城市""三维规划"在城市规划和管理领域开始出现，这无疑给人们提供了一种全新的城市规划建设与管理的理念和手段。与传统的利用平面设计图纸、数据表格、沙盘模型进行城市规划管理相比，基于三维虚拟现实技术的"三维规划"，具有很多优势，尤其在规划设计、规划审批阶段，虚拟现实技术可使人们在一个虚拟的三维环境中，用动态交互的方式对未来的规划建筑或城区进行身临其境的全方位审视，因此基于虚拟现实技术的"三维规划"应用将逐步成为城市规划管理部门在规划管理工作中重要的辅助手段。

将虚拟现实技术应用在城市规划、建筑设计等领域，可以提供任意角度、速度的漫游方式，可以快速替换不同的建筑；形象直观，为专业人士和非专业人士之间提供了沟通的渠道；由于采用数字化手段，其维护和更新变得非常容易。城市仿真系统可利用地理信息系统的数据生成三维地形模型，再利用卫星影像和航空影像作为真实的纹理对城市各类模型进行贴图。近几年来，具有人机交互性、真实建筑空间感、大面积三维地形的城市虚拟现实应用系统已经在国内外许多城市得到了成功应用。

智能城市具有全面透彻的感知特点，城市变化日新月异，在城市景观设计中既要进行空间形象思维，又要以用户的感受为核心，考虑城市的动态发展变化，以及巨大的成本和不可逆的执行程序，不能出现过多的差错；虚拟现实技术充分利用计算机辅助设备，虚拟现实景观，实现视觉、听觉模拟，可以使城市景观设计更具创造性、灵活性，可减轻设计人员的劳动强度，提高设计质量，节省投资。

智慧城市具有以人为本的可持续创新特点，在城市景观设计过程中，设计师对未来城市环境的形象做了多种设想，一般都会对设计的城市景观提出不同的设计方案，在虚拟的三维空间中，可以实时地切换不同的方案，在同一个观察点或同一个观察序列中感受不同的景观外观，这样，有助于比较不同设计方案的特点与不足，以便进一步进行决策。

5.2.7 科学计算可视化

科学计算可视化是将科学计算过程中的数据及计算结果转换为图形及图像显示在屏幕上的方法与技术。它综合运用计算机图形学、数字图像处理、计算机视觉、计算机辅助设计及人机交互技术等，既可以从复杂的多维数据中产生图形，又可以理解送入计算机中的图像数据。

科学计算可视化的实现可以大大加快数据的处理过程，使每日每时都在产生的庞大数据得到有效的利用；可以在人与数据、人与人之间实现图像通信，而不是文字通信或数字通信；可以使科学家们了解到在计算过程中出现了什么现象，并改变参数，观察其影响，对计算过程实现引导和控制。科学计算可视化是在数据采集能力提升的基础上产生的应用技术。在呈现内容上，将二维空间作为技术发展的起始点，并在运算能力不断提升的过程中，逐渐扩展到多维度的数据图像生成上。该项技术在发展的过程中已经涵盖了工程计算数据的可视化，并完成了测量数据的可视化。

通常情况下，科学计算可视化内容可以分为三个层次，即后处理、跟踪、驾驭三种数据处理方式。在后处理技术中，将数据计算结果的可视化内容，分为相对独立的两个部分，并防止二者之间的交互作用；通过跟踪技术，实时地显示计算机系统中的数据内容，使研究者能够及时掌握数据变化条件，从而对错误参数进行调整；而在驾驭技术的处理中，可以及时地对数据参数进行干涉，调整网格点与参数资料，使计算保持正常的发展条件。随着硬件技术水平的提升，跟踪与驾驭技术的应用效果越发明显，并逐渐成为科学计算可视化的核心内容。

在科学计算可视化中，数据的可视化显示往往需要包含多维数据信息的复杂三维结构，而虚拟现实显示器则借助大量的空间位置及深度数据实现对这些结构的显示。虚拟现实技术与科学计算可视化有着天然的联系。目前已有的用虚拟现实技术实现科学计算可视化系统的例子，除了分子模型及地理天文系统，还有虚拟风洞、扫描隧道显微镜及医学可视化系统等。科学计算可视化与虚拟现实技术不仅联系紧密，而且在大部分科学计算可视化的虚拟现实系统中都需要一个实时的交互能力。从已有的应用中可以看出，科学计算可视化与虚拟现实技术相结合已进一步拓宽了应用领域。

在虚拟现实技术支持下的科学计算可视化与传统的数据仿真之间存在着一定的差异。例如，为了设计出阻力小的机翼，人们必须分析机翼的空气动力学特性。因此，人们发明了风洞实验方法，通过使用烟雾气体，人们可以用肉眼直接观察到气体与机翼的作用情况，因而大大提高了人们对机翼动力学特性的了解。虚拟风洞的目的是让工程师分析多旋涡的复杂三维性质和效果、空气循环区域、旋涡被破坏时的乱流等，而利用通常的数据仿真是很难实现可视化的。

第6章
虚拟现实技术未来展望

6.1 国内外虚拟现实技术发展状况

6.1.1 国外虚拟现实技术发展概况

从全球市场来看，受益于成熟性产品拉动和行业需求的增长，虚拟现实头显设备出货量在经历了 2018 年的下滑之后开始复苏增长。Oculus、HTC、微软、小鸟看看、大朋、创维、华为陆续发布了新头显设备。头显产品迭代加速，内容平台得到进一步完善，行业端用户需求快速增长。

从中国市场来看，随着 5G 商用化进程的加速和新一代头显设备体验感的显著提升，2019年头显设备出货量强劲增长。据 IDC 数据显示，2018 年全年中国虚拟现实头显设备出货量为 120 万台，其中 VR 头显设备出货量为 116.8 万台，AR 头显设备出货量为 3.2 万台。2019年第一季度，中国虚拟现实头显设备出货量接近 27.5 万台，同比增长 15.1%。5G 商用化带来运营商渠道对头显设备的需求大幅上升。预计到 2023 年，中国 VR 头显设备出货量将突破 1000 万台，AR 设备出货量将超过 800 万台。

技术成熟、消费升级需求、产业升级需求、资本持续投入、政策推动五大因素促进虚拟现实产业快速发展，全球虚拟现实市场规模稳步增长。虚拟现实市场规模由软硬件产品、内容、行业应用服务三部分组成。据 Greenlight Insights 数据显示，2018 年全球虚拟现实市场规模超过 700 亿元，同比增长 126%。其中，虚拟现实整体市场规模超过 600亿元，增强现实整体市场规模超过 100 亿元。随着虚拟现实产业生态的不断完善，硬件、软件、服务融合的盈利商业模式不断成熟，预计到 2023 年，我国 AR/VR 行业消费支出规模或将突破 650 亿元。由此可见，虚拟现实技术在全球的发展仍属于稳步增长的态势。

1. 虚拟现实技术在美国的发展概况

美国作为虚拟现实技术的发源地，其研究水平基本上代表国际虚拟现实技术发展的水平。目前，美国在该领域的基础研究主要集中在感知、用户界面、后台软件和硬件四个方面。美国宇航局的 Ames 实验室研究主要集中在以下方面：将数据手套工程化，使其成为可用性较高的产品；在约翰逊空间中心完成空间站操纵的实时仿真；大量运用了面向座舱的飞行模拟技术；对哈勃太空望远镜的仿真。现在 Ames 实验室正致力于一个被称作"虚拟行星探索"的试验计划。现在美国宇航局已经建立了航空、卫星维护 VR训练系统、空间站 VR 训练系统，并且已经建立了可供全国使用的 VR 教育系统。北卡罗来纳大学是进行 VR 研究最早的大学，他们主要研究分子建模、航空驾驶、外科手术仿真、建筑仿真等。Loma Linda 大学医学中心的 David Warner 博士和他的研究小组成功地将计算机图形及 VR 设备用于探讨与神经疾病相关的问题,首创了 VR 儿科治疗法。麻省理工学院是研究人工智能、机器人和计算机图形学及动画的先锋,这些技术都是 VR 技术的基础,1985 年麻省理工学院成立了媒体实验室,进行虚拟环境的正规研究。华盛顿大学华盛顿技术中心的人机界面技术实验室,将 VR 研究引入了教育、设计、娱乐和制造领域。

2. 虚拟现实技术在欧洲的发展概况

(1)虚拟现实技术在英国的研究与开发。

英国在虚拟现实开发的某些方面,特别是在分布并行处理、辅助设备(包括触觉反馈)设计和应用研究方面,在欧洲来说是领先的。英国 Bristol 公司发现,VR 应用的交点应集中在整体综合技术上,Bristol 公司在软件和硬件的一些领域处于领先地位。英国 ARRL 公司关于远地呈现的研究实验,主要包括 VR 重构等问题。它们的产品还包括建筑和科学计算可视化。

英国从事的 VR 研究主要集中在以下四个中心。

①Windustries(工业集团公司),以工业设计和可视化等重要领域而闻名于世。

②British Aerospace (英国航空公司),主要从事的研究项目有:利用 VR 技术设计高级战斗机座舱;VECTA(Virtual Environment Configurable Training Aid)是一个高级测试平台,用于研究 VR 技术及考察用 VR 替代传统模拟器方法的潜力;VECTA 的子项目 RAVE(Real and Virtual Environment)就是专门为在座舱内训练飞行员而研制的。

③Dimension Internation 是桌面 VR 的先驱,该公司以生产一系列以 Superscape 命名的商业 VR 软件包而闻名。

④Division Ltd 公司,它的成就是在开发 Vision、ProVision 和 SuperVision 系统/模块化高速图形引擎中,率先使用了 Transputer 和 i860 技术。

(2)虚拟实现技术在欧洲其他国家的研究状况。

在欧洲,其他一些较发达的国家,如荷兰、德国、瑞典等也积极进行了 VR 的研究与应用。

瑞典的 DIVE 分布式虚拟交互环境,是一个基于 Unix 的、不同节点上的多个进程可以在同一世界中工作的异质分布式系统。

荷兰国家应用科学院(TNO)的物理电子实验室(TNO-PEL)开发的训练和模拟系统,通过改进人机界面来改善现有模拟系统,以使用户完全介入模拟环境。

德国的计算机图形研究所(IGD)的测试平台,用于评估 VR 对未来系统和界面的影响,以及向用户和生产者提供通向先进的可视化、模拟技术和 VR 技术的途径。另外,德国在建筑业、汽车工业及医学界等也较早应用了 VR 技术,如德国一些著名的汽车企业奔驰、宝马、大众等都使用了 VR 技术;制药企业将 VR 技术用于新药品的开发,医院开始用人体数字模型进行手术实验。

3. 虚拟现实技术在日本的发展概况

日本的虚拟现实技术的发展在世界相关领域的研究中具有举足轻重的地位,它在建立大规模 VR 知识库和虚拟现实游戏方面拥有很大的成就。

东京技术学院精密和智能实验室开发了一个用于建立三维模型的人性化界面，将其称为 SpmAR。NEC 公司开发了一种虚拟现实系统，使用"代用手"处理 CAD 中的三维形体模型，通过数据手套把对模型的处理与操作者的手联系起来。京都的先进电子通信研究所（ATR）正在开发一套系统，它能用图像处理识别手势和面部表情，并把它们作为系统输入。日本国际工业和商业部产品科学研究院开发了一种采用 X、Y 记录器的受力反馈装置。东京大学的高级科学研究中心的研究重点主要集中在远程控制方面，其最近的研究项目是用户控制远程摄像系统和一个模拟人手的随动机械人手臂的主从系统。东京大学原岛研究室开展了三项研究：人类面部表情特征的提取、三维结构的判定和三维形状的表示、动态图像的提取。东京大学广濑研究室重点研究虚拟现实的可视化问题，研究人员正在开发一种虚拟全息系统，用于克服当前显示和交互作用技术的局限性。筑波大学研究一些力反馈显示方法，开发了九自由度的触觉输入器和虚拟行走原型系统。富士通实验室有限公司通过研究虚拟生物与 VR 环境的作用、VR 中的手势识别，开发了一套神经网络姿势识别系统。

6.1.2 国内虚拟现实技术发展概况

我国虚拟现实技术研究起步较晚，与发达国家还有一定的差距。我国从 20 世纪 90 年代起开始重视虚拟现实技术的研究和应用，受到技术和成本的限制，虚拟现实技术主要应用对象为高档商用和军用。随着计算机软硬件和虚拟现实技术的发展与进一步完善，虚拟现实产品也逐步进入大众市场，成为普通商用产品。

VR 的爆发源于其巨大的市场潜力，据前瞻产业研究院《2016—2021 年中国虚拟现实（VR）行业发展前景预测与投资战略规划分析报告》显示，预计到 2021 年，中国会成为全球最大的 VR 市场，行业整体规模将达 790.2 亿元。

近两年来，我国各级政府陆续出台了多项虚拟现实产业相关政策，继续加大对虚拟现实技术研发、人才培养、产品消费、市场应用的支持力度，部省联动的政策框架体系基本形成，虚拟现实产业进入政策红利释放期。中央层面，2018 年 12 月 25 日，工信部发布了《加快推进虚拟现实产业发展的指导意见》，指出要抓住虚拟现实从起步培育到快速发展迈进的新机遇，加大虚拟现实关键技术和高端产品的研发投入，创新内容与服务模式，建立健全虚拟现实应用生态，推动虚拟现实产业发展，培育信息产业新增长点和新动能。2019年，其他部委也陆续发布了人才培养和应用层面的政策。2019 年 6 月，教育部发布了《关于职业院校专业人才培养方案制订与实施工作的指导意见》。

随着计算机图形学、计算机系统工程等技术的高速发展，虚拟现实已得到国家有关部门和科学家们的高度重视。根据我国的国情，国家自然科学基金会、国家高技术研究发展计划已将虚拟现实技术的研究列为重点研究项目。国内的研究和应用取得了一些不错的研究成果。目前，我国虚拟现实技术在城市规划、教育培训、文物保护、医疗、房地产、因特网、勘探测绘、生产制造和军事航天等数十个重要的行业得到广泛的应用。许多研究机构和高校也都在进行虚拟现实技术的研究工作。

北京航空航天大学计算机系是国内最早进行虚拟实现技术研究、最具权威的单位之一，其虚拟现实与可视化新技术研究继承了分布式虚拟环境，可以提供实时三维动态数据库、虚拟现实演示环境、用于飞行训练的虚拟现实系统、虚拟现实应用系统的开发平台等，并着重研究虚拟环境中物体物理特性的表示和处理等。清华大学国家光盘工程研究中心研发的"布达拉宫"采用了 QuickTime 技术，实现大全景 VR 系统。浙江大学 CAD&CG 国家重点实验室开发了一套桌面型虚拟建筑环境实时漫游系统，还研制出虚拟环境中一种新的快速漫游算法和一种递进网格的快速生成算法。哈尔滨工业大学计算机系已经成功地合成人的高级行为中的特定人脸图像，解决了表情合成和唇动合成技术问题，并正在研究人说话时手势和头势的动作、语音和语调的同步等。武汉理工大学智能制造与控制研究所主要研究使用虚拟现实技术进行机械虚拟制造，包括虚拟布局、虚拟装配和产品原型快速生成等。西安交通大学信息工程研究所对虚拟现实中的立体显示技术这一关键技术进行了研究，在借鉴人类视觉特性的基础上提出了一种基于 JPEG 标准压缩编码的方案，并获得了较高的压缩比、信噪比及解压速度，并且已经通过实验结果证明了这种方案的优越性。中国科技开发院威海分院主要研究虚拟现实中视觉接口技术，完成了虚拟现实中的体视图像的算法回显及软件接口；在硬件的开发上已经完成 LCD 红外立体眼镜，并且已经实现商品化。另外，北京工业大学 CAD 研究中心、北京邮电大学自动化学院、西北工业大学 CAD/CAM 研究中心、上海交通大学图像处理模式识别研究所、长沙国防科技大学计算机研究所、华东船舶工业学院计算机系、安徽大学电子工程与科学系等单位也进行了一些研究工作和尝试。

　　除了高等学府对此的研究，我国在最近几年涌现出许多从事虚拟现实技术研究的公司。中视典数字科技有限公司是从事虚拟现实与仿真、多媒体技术、三维动画研究与开发的专业机构，是国际领先的虚拟现实技术整体解决方案供应商和相关服务提供商，2006 年入选中国软件自主创新 100 强企业行列，提供的产品有虚拟现实编辑器（VRP-Builder）、数字城市仿真平台（VRP-Digicity）、物理模拟系统（VRP-Physics）、三维网络平台（VRPIE）、工业仿真平台（VRP-Indusim）、旅游网络互动教学创新平台系统（VRP-Travel）、三维仿真系统开发包（VRP-SDK）及多通道环幕立体投影解决方案等，能够满足不同领域不同层次的客户对虚拟现实的需求。VRP 虚拟现实平台是目前国内市场占有率最高的一款国产虚拟现实平台软件，已有超过 300 所重点理工和建筑类院校采购了 VRP 虚拟现实平台及其相关硬件产品，其在教学和科研中发挥了重要的作用。北京阳光中图数字科技有限公司以计算机三维图形技术为核心，业务范围涵盖图形仿真、地质学工程三维仿真、地理三维可视化城市信息统计应用、地理资源三维建模与资源管理、虚拟现实、三维动画及多媒体信息产业等应用领域。北京优联威迅科技发展有限责任公司以清华大学工业系仿真实验室雄厚的技术开发实例为基础，以开发和制作适合中国虚拟仿真市场的方恒系统解决方案和适于推广的可视化平台为主要方向，立志创造中国虚拟仿真软硬件的旗帜品牌。公司现已独立研发了包括数据手套、虚拟环境的力反馈等系统，并成功开发了中国第一套动作捕捉系统，填补了国内空白，成绩丰硕，已成为用户在中国仿真界中首选的理想合作企业。伟景行科技集团（Gvitech Technologies）是业界领先的三维可视化和专业显示技术开发及服务机构，由伟景行数字城市科技有限公司（GDC）、伟景行数字科技有限公司（GDT）及清华规划院数字城市研究所（DCRC）三大机构组成，它们各自的主要研究领域分别为数字城市可视化、虚拟仿真模拟和专业大屏幕显示。

随着硬件设备的更新步伐逐渐放缓和软件编程技术的普及化，VR 内容制作的热度逐步提升，内容制作作为虚拟现实价值实现的核心环节，投资呈现增长趋势。我国 VR 商业模式进一步成熟，产业链不断完善，硬件生产、软件开发逐渐形成良好的生态链。

国内硬件厂商近年来的硬件产业链自主能力及整机整合和二次开发能力大幅提升。在芯片方面，目前国外 VR 主控芯片主要是高通骁龙系列的 835、845 等芯片及高通 XR1 芯片。国产芯片虽然起步晚，但是近两年发展迅速，质量和品类都取得了一定进展。全志科技 VR9，瑞芯微 RK3399、RK3288 等系列芯片提供了优秀的虚拟现实解决方案，并已被应用于 Pico、富士通等多种 VR 头显。华为发布的麒麟 990 系列芯片为未来 VR 设备与云计算及 5G 融合提供了有力的支撑。在显示方面，京东已投产两条 10.5 代 TFT-LCD 生产线，3 条 6 代 AMOLED 生产线。视涯科技在合肥点亮硅基 OLED 显示器，并已建成目前全球产能最大的硅基 OLED 生产工厂，月产能可达到 27 000 张 12 寸①晶圆。在整机组装方面，歌尔股份在声光电器件等方面提供的解决方案已经成功用于索尼、Oculus、Pico 等公司的虚拟现实设备中，歌尔股份是索尼 PSVR 和 Oculus Rift 两大 VR 主流产品的全球独家代工厂商。

近几年国内厂商在网络架构、AR 开发平台、算法创新等方面取得了一定的进展，虚拟现实产业链软件环节不断完善。尽管国内软件研发水平与国外软件研发水平仍有差距，但已出现软件产业链短板补齐趋势。在网络架构方面，华为研发出了基于开源组件及 API 的 Cloud VR 连接协议和软件，打造云 AR/VR 架构，实现了实时"端-云-端"解决方案。在开发工具方面，华为推出了面向移动端的开发工具——华为 AR Engine，基于华为手机硬件，整合模组、芯片、算法和 EMUI 系统，提供效果更好、功耗更低的 AR 能力。在算法方面，国内在动态柔性渲染算法方面达到国际领先水平。百度大脑 DuMix AR 推出的兼容 iOS、安卓、PC 等多平台的 3D 体感互动算法使得移动端设备摆脱专用 3D 传感器的硬件束缚，进一步推动应用的快速落地与发展。AR 公司亮风台提出的基于约束置信度的鲁棒跟踪算法提高了在局部遮挡、光照变化和运动模糊等各种因素干扰情况下的鲁棒性，并在 UCSB 和 TMT 两个国际评测集中刷新了最好成绩。

6.2　虚拟现实技术与其他技术的融合

6.2.1　虚拟现实技术与大数据

2015 年 9 月 24 日，中国国家主席习近平一行前往微软总部参观了 HoloLens 全息眼镜和 Surface Hub 这两大创新科技产品。微软公司通过 HoloLens 全息眼镜和虚拟物品在真实空间中的互动，展现了一辆摩托车从图纸、模型到交付生产的整个设计过程，如图 6-1 所示。

---

① 1 寸≈0.033 米。

图 6-1　融合技术生产摩托车

　　HoloLens 全息眼镜的到来颠覆了传统的工作模式，为人机交互带来了革命性的体验。而 Surface Hub 对过去美国 40 年间发生的龙卷风数据进行汇总及分析，然后从时间、地域、强度等多个维度将庞杂的数据直观而立体地展现出来。

　　Surface Hub 与 HoloLens 这两项创新科技产品正好体现了工业 4.0 中两个核心技术：大数据（Big Data）与虚拟现实技术，这两项技术是实现智能制造的关键使能技术。

　　随着互联网时代的到来，大数据技术得以兴起，大数据产业成为经济增长新的制高点。大数据分析是大数据研究领域的核心内容之一。谷歌首席经济学家、UC Berkeley 大学 Hal Varian 教授指出："数据正在变得无处不在、触手可及；而数据创造的真正价值，在于我们能否提供进一步的稀缺的附加服务。这种增值服务就是数据分析。"

　　华中科技大学无锡研究院是大数据与虚拟现实技术的领跑者，依托华中科技大学机电系技术创新成果，围绕信息与智能、先进制造主题，以提高企业数字化、信息化与智能化水平为目标，长期开展虚拟制造与数字化工厂、设备状态监测诊断与智能维护和机器视觉的智能监测技术等研究。

　　设备状态监测诊断与智能维护是无锡研究院信息与智能所传统的研究方向之一，有近 20 年的研究成果积累。首先运用大数据与现代信号分析技术，对设备状态监测得到的大量数据及信号进行分析并提取特征，从而定量诊断机械设备及其零部件的运行状态，然后进一步预测设备未来的运行状态，最终确定需要采取何种必要的措施来保证机械设备取得最优的运行效果，为设备寿命周期维护提供坚实技术保障。该技术的根本目标是保证设备安全、可靠、高效、经济地运行。

　　无锡研究院信息与智能所从 2009 年开始在国家科技支撑计划资助下从事虚拟现实技术的研究，经过多年努力，也取得了丰硕的研究成果，特别是在桌面级虚拟现实技术方面，在与企业合作中，开展了数字化工厂的相关技术研究，帮助企业完成了信息化与数字化转型，建立了企业专属数据库与模型库，将企业由线下搬到线上，在此基础上对相关生产工艺过程进行虚拟仿真、评估和优化。其在与国内多家大型企业进行合作时，为这些企业提供了全面数字化与智能化的解决方案，实现了企业产品的三维系列化、标准化和模块化设计，能够在完成虚拟环境下三维参数化设计的基础上，自动生成全部产品零件的三维模型和二维图纸，并以此为基础进行三维虚拟现实场景下的产品装配仿真、制造工艺仿真与生产过程物流仿真，大大提高了企业设计和生产效率。

近年来研究团队开始研究沉浸式虚拟现实技术，将此技术引入工业领域，通过沉浸式全息眼镜，开发了数字化工厂展示系统，该系统于 2015 年太湖博览会展出，引起了广泛关注和良好反响。目前，研究团队正在与企业合作开发一套沉浸式三维数字化车间监测系统，将设备状态监测诊断技术、数据分析可视化技术和虚拟现实技术结合起来。通过设备的状态监测数据，使三维数字化车间模型与实际车间运行情况完全同步，并且透过这些庞杂的数据，进行数据分析、数据挖掘，获取有价值的信息，通过数据可视化技术结合沉浸式虚拟现实技术，以直观的三维可视化的方式展示出来，并且参与者可以用人类自然的技能和感知能力与虚拟车间里的对象进行交互作用，产生身临其境的感受，做到综合性、专业性和展示性的有机融合。

随着图像处理能力、信息传输能力及虚拟现实相关核心技术逐步突破，全球虚拟现实技术历经了 2017 年的概念炒作和资本追逐、2018 年的产业复苏，在 2020 年进入行业的深度应用阶段。美国政府的"国家网络与信息技术研发计划"、欧盟"地平线 2020"、韩国"九大国家战略项目"、日本"国家科技创兴战略计划"等均将虚拟现实技术作为国家科技产业的重要组成部分之一。我国也相继出台了《"十三五"国家科技创新规划》《"十三五"国家信息化规划》《信息化和工业化融合发展规划（2016—2020）》《信息产业发展指南》等，将虚拟现实技术及相关技术作为重点发展方向。

大数据的来源更丰富、范围更广、领域更宽、维度更多、覆盖更全、技术手段更专业。大数据特征可以整合归纳为"5V+3I"，即海量数据规模（体积，Volume）、高速数据流动（速度，Velocity）、灵活数据体系（活力，Vitality）、丰富数据类型（多样，Variety）、潜在数据价值（价值，Value），资源成本投资（投资，Investments）、技术理论与应用方案创新（创新，Innovation）、自由开放的数据逻辑（自由即兴，Improvisation）。大数据技术作为智慧社会的基础，在全方位的智能感知、智能移动终端操控、数据传输媒介、云计算和人工智能等各个环节汇聚形成了丰富的数据资源池。虚拟现实技术实现了虚拟世界和现实世界的无缝交互，在交互过程中产生了大量的交互过程数据，而这些数据形成了新的数据资源池。

大数据对虚拟现实技术的发展也起到了推动作用，主要体现在以下几方面。

1）研发测试

在虚拟现实产品软硬件设计测试阶段，相关测试体验数据将成为产品优化可靠依据，硬件数据和软件数据之间的关联性将成为产品体验平滑度的关键指标。在用户测试阶段，不同用户体验的反馈将直接影响产品优化完善的方向，而体验大数据将有效避免个体差异带来的无效甚至错误问题。

2）销售服务

在虚拟现实产品销售服务环节，用户的基本信息可以作为后期市场拓展的基础数据，通过大数据挖掘算法可以有效定位高价值未来目标客户特征，从而实现有效营销、智能客服和适时关怀等客户营销和客户关怀。

3）升级迭代

在虚拟现实产品迭代设计环节，结合日常客户在使用产品过程中的操作疑问、故障投诉可以把握产品整体的迭代方向，同时可以将用户在使用产品过程中的选择延时、视角停驻、慢放快播、运行时长、关机节点等操作数据与数字内容进行关联分析，实现对数字内容的体验反馈式设计，进而提升产品及内容的高质量沉浸式体验。

4）差异竞争

在虚拟现实产品差异化方面，通过积累上述各环节的用户数据可以实现个体用户的全视角认知，实现群体性服务向个性化服务的转变，如定制标识、外观颜色、材料质地、信息推送、内容适用等。

5）产业协同

虚拟现实产业中贸易需求数据流、生产调试装配流、供货运输供货流及客服支撑服务流等各环节将产生相应的大数据资源，基于大数据资源挖掘分析可以实现产业间的动态调度、合理配比、预测预警等资源协同模式，激发产业资源流动，推动产业资源高效配比，降低生产、仓储、运输、服务全环节的资源浪费。

大数据技术的应用贯穿于研发测试、销售服务、升级迭代、差异竞争、产业协同等全流程，同时可为企业、行业、产业自身的内部管理、外部协同、战略发展提供科学可靠的客观数据支撑和辅助决策。

6.2.2　虚拟现实技术与人工智能

虚拟现实技术曾被人们设想为一种人工智能模拟技术。现在，通过渲染、高帧率图像、传感器、高精度摄像头等便可以实现这一技术，未来通过物理建模、手势运动及其他技术手段相互运作，虚拟现实技术有可能成为智能机器人、无人机及一些其他设备的模拟训练器，尽管这对于机器人来说只是一小步，对于人工智能（Artificial Intelligence，AI）来说却是历史性的突破。

从技术特点来看，人工智能是基础的赋能性技术，和虚拟现实技术相融合，能提高虚拟现实的智能化水平，提升虚拟设备的效能。人工智能赋能虚拟现实建模，能提升虚拟现实中智能对象行为的社会性、多样性和交互逼真性，使得虚拟对象与虚拟环境和用户之间进行自然、持续、深入交互。人工智能提升虚拟现实算力，边缘 AI 算法能大幅提升虚拟现实终端设备的数据处理能力。此外，人工智能与 AR 的结合将显著提高 AR 应用的交互能力和操作效率，满足个人感知、分析、判断与决策等实时信息需求，实现在工作、学习、生活、娱乐等不同场景下的流畅切换。在应用创新方面，人工智能和虚拟现实技术结合已被应用于零售、家装、智能制造等领域。

有专家指出，虚拟现实技术与人工智能的结合所产生的化学反应将充满颠覆性，这是安全可靠地使用智能机器、解锁未来的新途径。通过智能、逼真的现实模拟，智能机器人便可以实现自我训练，这一观点已经得到了学术界、科研公司等权威机构的一致认可。未来我们或将看到虚拟现实技术与人工智能结合，创造出比以往更为独立自主的机器人，如图 6-2 所示。

图 6-2　虚拟现实技术与人工智能协同工作

NVIDIA 公司开放了一个基于云技术的虚拟现实模拟器 Holodeck，它可以通过精确的物理建模来模拟真实环境，这种"超现实"系统非常适合机器人在模拟现实的环境中进行自我训练。以前 NVIDIA 已经在无人机训练上使用过 VR 来进行模拟视觉输入、导航准确性测试，通过精准的 3D 定位和模拟现实环境来确保无人机位置导航。这个测试充分验证了无人机和汽车等工具可以通过人工智能和虚拟现实技术的结合实现独立导航检测。能够在错杂的环境中实现无人机、汽车或智能机器人自我训练，模拟出更加真实的虚拟环境是对未来这些程序的一大考验和挑战。

OpenAI，一个由 Elon Musk 和诸多硅谷技术专家组建，致力于推进人工智能良性发展的组织宣布，该团队已经通过开发和训练，让程序可以独立自主地进行 DOTA2 游戏，使用屏幕视图作为网络视觉输入程序，就像现实人类与游戏进行交互那样，机器人可以通过为它们设置的视觉学习程序进行自我训练，每一次训练的反应与操作速度都会比上一次更快，即使面对世界上最好的职业玩家，该程序也可以在一周之内通过快速的自我学习碾压对手，在没有设置玩法、战略的概念的情况下，该程序还可以在训练的成功和失败中自我领悟。

人工智能和虚拟现实技术将永远改变客户寻找、参与、互动的方式。每个企业的目标都是以一种有助于实现更多转化和更高收入的方式优化客户体验。

人工智能和虚拟现实技术融合，在数字营销领域发挥了从未见过的潜力。一方面，开发客户数据一直在创造目标市场共鸣的内容方面发挥着重要作用。但是，过去的企业采用人口统计学和偏好等基本特征来创造角色。高级人工智能已经完全改变了这种情况。例如，像 GetResponse 这样的 SaaS 营销自动化平台已经让位于营销自动化的新时代。企业现在可以超越人口统计学，收集有关约会、近期行为、终生价值等特定特质的先进数据。借助机器学习提供的高级数据，企业有机会使用电子邮件自动化为销售线索提供超级针对性的消息。而且可以预料的是，这导致了更高的转换率。另一方面，调动情绪在销售领域中扮演着重要的角色。但是在过去，只有通过文字来建立客户和企业之间的情感联系。而借助虚拟现实，企业可以为客户提供身临其境的体验，让他们感受到与产品或服务的直接联系。结合机器学习提供的高级行为数据，其转换潜力是无与伦比的。

除此之外，人工智能与虚拟现实技术结合，对游戏行业也会有不小的改变。设想一下，如果将人工智能应用到 VR 游戏中，游戏中的 NPC（Non-Player Character，游戏中除玩家以外的其他角色）将有可能摆脱以往僵硬木讷的形象，拥有一定的智慧，甚至独特的个性，那么游戏内容也将随之生动起来。玩家不再是一成不变地完成各种任务，而是可以和 NPC 相互交流，得到的也不再是机械般的回答，玩家仿佛真正来到了另一个平行世界。

业内常说，虚拟现实技术将会带领人们进入"第二个世界"，实际上，有智慧的世界才是真正的第二世界。当高度发展的人工智能技术融入 VR 世界，这个世界才会真正地"活"过来，创造更多不可思议的事物。

2017 年 11 月 9 日至 11 日，国际虚拟现实创新大会在青岛市崂山区举行。在大会主论坛上，中国工程院院士、虚拟现实产业联盟理事长赵沁平发表了主题演讲——"虚拟现实发展现状、趋势及未来影响"。赵沁平院士指出，虚拟现实技术与人工智能的融合是趋势之一，由于虚拟现实技术和人工智能的快速进步，以及 VR 应用领域的日益拓展，人工智能开始融入 VR 系统。

20 年前的 VR 是纯虚拟，现在的 VR 必须跟大数据、云计算、人工智能结合起来，不跟大数据、云计算结合，不跟人工智能结合，VR 产品只是一个新奇、有趣的应用。

6.2.3 虚拟现实技术与 5G

第五代移动通信技术，简称 5G，是最新一代蜂窝移动通信技术，从技术特点来看，5G 是基础、平台性的技术，和虚拟现实技术相融合，能催生出种类丰富的虚拟现实应用。5G 能解决虚拟现实产品因为带宽不够和时延长带来的图像渲染能力不足、终端移动性差、互动体验不强等问题。

5G 给虚拟现实产业发展带来的优势包括：在采集端，5G 为虚拟现实内容的实时采集数据传输提供大容量通道；在运算端，5G 可以将虚拟现实设备的算力需求转向云端，省去现有设备中的计算模块、数据存储模块，减轻设备重量；在传输端，5G 能使虚拟现实设备摆脱有线传输线缆的束缚，通过无线方式获得高速、稳定的网络连接；在显示端，5G 保持终端、云端的稳定快速连接，VR 视频数据延迟达毫秒级，有效减轻用户的眩晕感和恶心感。2019 年，随着我国 5G 牌照的正式发放，大规模的组网将在部分城市和热点地区率先实现，能快速推进 VR 终端服务的产业化进程。在应用创新方面，5G 和虚拟现实结合在广播电视、医疗、教育、直播等领域已开展了应用。

2019 年 10 月 23 日，华为在深圳举办了一场特别的发布会，发布了包括第二代 5G 手机华为 Mate30 系列 5G 版、5G 折叠屏手机、VR 眼镜在内的一系列新产品，如图 6-3 所示。

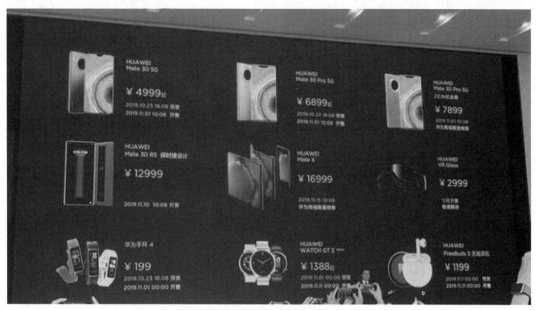

图 6-3 华为在发布会上发布的新产品

这些新产品都有一个共同的特性，支持 5G。华为希望通过 5G 将它们串联在一起，打造一个全场景智慧生活。

在华为发布会的体验区，除了华为 Mate30 系列 5G 版，最吸引人的是两侧华为 VR Glass 的体验。作为一款价格为 2999 元的 VR 产品，它在华为的全场景智慧生活展示中占据着重要位置。

在华为 VR Glass 和以往 VR 眼镜的形态不同，质量只有 166g，更轻更薄，镜腿可折叠，携带方便，如图 6-4 所示。华为 VR Glass 把屏幕以外的部分交给华为 Mate30 系列 5G 版来处理，让这款年度旗舰机作为一个数据中转站，VR 眼镜则只负责屏幕和沉浸式体验。

图 6-4 华为 VR Glass

VR Glass 通过华为 Mate30 系列 5G 版手机接收庞大的数据，这些数据经过手机运算后由线缆传输到 VR Glass 的屏幕上，VR Glass 成为手机屏幕的一个扩展。在这个过程中，华为 Mate30 系列 5G 版手机起到了至关重要的作用。

虚拟现实技术刚兴起的时候有大批厂商生产 VR 设备，因为设备沉重、内容匮乏和高昂的售价，这些 VR 设备被消费者挡在门外。在经历技术沉淀后，业界普遍认为，5G 会推动虚拟现实产业复兴，甚至让它成为除智能手机、电视以外的第三块屏幕。华为轮值董事长郭平曾公开表示，虚拟现实产业正处于复兴期，与 5G 相匹配并互相促进。华为消费者业务手机产品线总裁何刚也在会后专访中表示，虚拟现实结合 5G 将有一个大的发展，5G 将成为虚拟现实很好的支撑。

5G+VR 为人们带来的全新体验表现在以下几方面。

（1）5G+VR 化身二次元。

华为在发布会上，展示了 5G+VR 二次元偶像直播，这项技术将动作捕捉实验室的动捕数据通过 5G 网络传输到 Mate30 系列 5G 版手机上，进行实时渲染，再借由 VR Glass 显示出来，如图 6-5 所示。

图 6-5　5G+VR 二次元偶像直播

用户能够看到一个更加真实的二次元偶像，并且可以和偶像互动，可以和偶像打招呼、聊天，甚至请偶像跳支舞。这个偶像不是人工智能制造的，而是现实生活中的人化身成的虚拟形象，通过动态捕捉技术渲染成二次元的形象。这其中的关键技术在于 5G 网络高带宽、低时延的特性及华为 Mate30 系列 5G 版手机的运算能力，二者结合可以将大量数据实时传输到 5G 手机上并进行处理。借助这样的设备与技术，未来人人都能化身虚拟形象进入虚拟环境。

（2）5G+VR 云游戏。

VR 云游戏始终是一个经久不衰的话题，随着 5G 网络兴起，VR 云游戏成为未来的一个发展方向。所谓云游戏，就是把游戏计算、渲染交给云端服务器来处理，再通过其他显示设备接收，这样游戏可以抛开主机的限制，在各种配有显示器的设备上运行。

（3）5G+AR Cyberverse 技术，换个角度看世界。

华为发布会现场还有一项 5G+AR Cyberverse 技术的体验，它通过华为 Mate30 系列 5G 版手机在现实画面中添加虚拟信息，即通过手机屏幕，不仅能看到会场建筑，还能得到一系列相关信息。例如，这栋建筑里有哪些场所，发布会会场路线指示，等等。如果选择会场方向，画面中就会出现指示箭头，指导用户前进到达会场，如图 6-6 所示。

图 6-6　5G+AR Cyberverse 技术

Cyberverse 技术是华为发布的一项基于虚实融合的全新"数字现实"科技，该平台通过空间计算链接用户、空间与数据，给用户带来全新的交互模式视觉体验。Cyberverse 技术是 AR 技术的分支，融合了 3D 高精地图能力、空间计算能力、环境理解能力和虚实融合的渲染能力，在实景地图中加入了丰富的虚拟信息。数据大部分来自云端，手机利用 5G 网络进行实时读取。

这项技术不仅被应用于导航，而且被应用于博物馆、旅游景点等场所，给用户提供了日常看不到的信息。如果在博物馆看到一件展品，通过 5G 手机的镜头一扫就能显示出它的详细介绍，包括 360° 3D 模型，另外还能通过语音进行介绍。

6.3　虚拟现实技术发展趋势

6.3.1　虚拟现实技术的瓶颈

虚拟现实技术经过近几年的快速发展，各方面性能逐步完善，但仍然存在一些瓶颈，一些关键技术有待改进和突破，主要可以概括为以下几个方面。

（1）大范围多目标精确实时定位。

当前，VR 产品的定位主要依靠红外发射装置和红外接收装置。目前，VR 产品只能工作于一个独立的空旷房间中，如果有障碍物则会阻挡红外光的传播。而大范围、复杂场景中的定位技术仍需突破。多目标定位对于多人同时参与的应用场景至关重要。当前的虚拟现实系统主要为个人提供沉浸式体验，如单个士兵作战训练。当多个士兵同时参与时，还需要实现多个目标的数据共享。

（2）感知的延伸。

视觉是人体最重要、最复杂、信息量最大的传感器。人类大部分行为的执行都需要依赖视觉，如日常的避障、捉取、识图等。但视觉并不是人类唯一的感知通道。虚拟现实创造的模拟环境不应仅仅局限于视觉刺激，还应包括其他的感知，如触觉、嗅觉、味觉等。就目前来看，对触觉、嗅觉和味觉感知的延伸还存在较大的技术难度。

（3）减轻眩晕和人眼疲劳。

目前所有在售的 VR 产品都存在导致佩戴者眩晕和人眼疲劳的问题。其耐受时间与 VR 画面内容有关，且因人而异，一般耐受时间为 5~20 分钟。眩晕和人眼疲劳是一个到目前为止还没有解决但又迫切需要解决的问题。

虚拟现实界面中存在视觉反差，实际运动与大脑运动不能够正常匹配，影响大脑判断就会产生眩晕感，当大脑从视觉系统中接收到从 VR 设备中传来的运动画面时，大脑就会指挥身体进行协同，与接收画面同步运动，实际上身体并没有动，小脑会传递错误的信号使身体保持正常运转，大脑接收到错误信号无法正确处理，人身上的其他器官就会产生紊乱，使人产生眩晕感。

另外，VR 设备上有相当一部分应用、游戏是从 PC 版上移植过来的，实际上 UI 界面并不适合 VR，不同的系统在处理时根本无法达到协调，游戏、应用画面感光太强或者太弱都会导致用户感官不舒服。

当 VR 设备帧间延迟与人的运动不匹配时，人已经做出相应的动作，由于刷新率低，画面还没有刷新出来，会有微小的延迟感，感官与帧率不同步就会使人产生眩晕感。120Hz 的屏幕刷新率是保证 VR 画面接近于现实的最低要求，但是当前很多设备的刷新率还不能满足要求。

在虚拟现实行业中，屏幕分辨率、刷新率，芯片计算能力、功耗及元件上的瓶颈，直接限制了虚拟现实技术的发展。硬件和内容的双重掣肘，使得虚拟现实技术存在很多未解决的实质问题。

虽然目前虚拟现实技术的发展还不够成熟，存在许多争议，但不可否认的是，虚拟现实技术将会成为一种重要的新媒介、新平台，无论是对于游戏还是社交，或者其他更多领域。

6.3.2　虚拟现实技术未来的发展趋势

虚拟现实产品的沉浸感和体验感逐步提升，虚拟现实视频内容和游戏内容日益丰富，虚拟现实在制造、教育、文化、旅游等行业应用中快速渗透，硬件商、消费者、开发者三方共赢的"平台+应用"闭环生态圈已经形成。

纵观 VR 的发展历程，未来 VR 技术的研究仍将延续"低成本、高性能"原则，从软件、硬件两方面展开，发展方向主要归纳如下。

（1）动态环境建模技术。虚拟环境的建立是 VR 技术的核心内容，动态环境建模技术的目的是获取实际环境的三维数据，并根据需要建立相应的虚拟环境模型。

（2）实时三维图形生成和显示技术。三维图形的生成技术已经较成熟，关键是怎样"实时生成"，在不降低图形的质量和复杂程度的基础上，如何提高刷新频率将是今后重要的研究内容。此外，VR 技术还依赖于立体显示和传感器技术的发展，现有的虚拟设备还不能满足系统的需要，有必要开发新的三维图形生成和显示技术。

（3）新型交互设备的研制。虚拟现实技术使人能够自由与虚拟世界对象进行交互，犹如身临其境，借助的输入输出设备主要有头戴式显示器、数据手套、数据衣、三维位置传感器和三维声音产生器等。因此，新型、便宜、舒适、鲁棒性优良的穿戴设备将成为未来研究的重要方向。

（4）智能化语音虚拟现实建模。虚拟现实建模是一个比较复杂的过程，需要大量的时间和精力。如果将 VR 技术与智能技术、语音识别技术结合起来，可以很好地解决这个问题。我们对模型的属性、方法和一般特点的描述通过语音识别技术转化成建模所需的数据，然后利用计算机的图形处理技术和人工智能技术进行设计、导航及评价，将模型用对象表示出来，并且将各种基本模型静态或动态地连接起来，最终形成系统模型。人工智能一直是业界的难题，在虚拟世界也大有用武之地，良好的人工智能系统对减少乏味的人工劳动具有非常积极的作用。

（5）分布式虚拟现实技术的展望。分布式虚拟现实技术是今后虚拟现实技术发展的重要方向。随着众多 DVE 开发工具及其系统的出现，DVE 本身的应用也渗透到各行各业，包括医疗、工程、训练与教学及协同设计。仿真训练和教学训练是 DVE 的又一个重要的应用领域，包括虚拟战场、辅助教学等。另外，研究人员还用 DVE 系统支持协同设计工作。

（6）AR 产业化将取得重大突破，AR 明星级应用有望登上舞台。在 AR 的大规模投资刺激下，各大企业纷纷在 AR 方面开展布局，标杆级 AR 产品将被推出。随着 AR 消费级产品的出现,基于 AR 的行业应用将得以普及。增强现实消费级产品和应用的快速发展使得 AR 技术快速实现商业化。

未来,随着虚拟现实关键技术的突破和设备的更新,虚拟现实产业未来的应用也会越来越普及,并形成越来越多的 "VR+" 产业链。推进重点行业应用,引导和支持 "VR+" 产业的发展,推动 VR 技术在城市、旅游、文化教育、房产、汽车、影视等各领域的深度应用,培育新模式、新业态,拓展虚拟现实应用空间,不断丰富 VR 产业。

1)VR+教育

Common Sense Media 与斯坦福大学的研究人员合作进行了一项调研,出具了一份题目为 *Virtual Reality* 101:*What You Need to Know About Kids and VR* 的报告,通过调查发现,许多家长认为 VR 存在积极的教育潜能,62%的家长认为虚拟现实可以为孩子们提供教育体验。斯坦福大学虚拟人机交互实验室的创始人杰里米·拜伦森教授在报告中指出,VR 可以成为一项有价值的学习工具。

各个国家从政策层面也在推动大数据、虚拟现实、人工智能等新技术在教育教学中的深入应用。推进 VR 虚拟现实技术在高等教育、职业教育等领域的应用,创造虚拟教室、虚拟实验室等教育教学环境,发展虚拟备课、虚拟授课、虚拟考试等教育教学新方法,促进以学习者为中心的个性化学习,推动教、学模式转型。

很多行业企业都在布局虚拟现实在教育领域的应用。联想集团董事长兼 CEO 杨元庆曾表示:鉴于信息技术的应用日益成为现代人的基本生存技能,互联网为学生自学提供了前所未有的广阔空间,成为学生获取知识的重要渠道,学校适当提高相关知识的教学比重,引导学生提高信息技术的实际应用技能,与时俱进地改变传统学习方式,推动学生自主式、体验式和互动式学习,增强自学能力,培养创新创造精神。

鉴于 VR 在教育培训历史上开创性的教学新模式,未来 VR 前途不可限量。

2)VR+房产

2014 年以后,一批国内的 VR 创业公司首先通过房产领域切入 "VR+" 产业变革中,它们通过新品牌 VR 营销方式打开了房产公司与用户的交互,让用户近距离体验高科技对生活的影响,并以此为基点向家装、家居领域入侵。

互联网知名自媒体人王新宇表示:房地产行业对于 VR 的应用是不够彻底的,仅仅作为了营销工具。VR 是没有边界的,建设一个梦幻而瑰丽的房产项目应该起始于产品规划之前,介入营销的过程不再是工具而是主角,在一片荒地的时候告诉客户未来的生活场景,销售过程中所有产品、装修都可以在线定制,这并不是幻想,用 VR 作为开发商在线运营入口,让可视化场景无处不在,开拓后市场服务新思路,把不动产 "动起来"。

3)VR+汽车

汽车作为被互联网思维影响的最后一个传统行业,近年来受到互联网思维、互联网+、新零售、智能科技的猛烈冲击。如今新造车势力的兴起,传统汽车品牌营销方式的转变,以及自动驾驶的普及与应用,虚拟现实技术已经渗入汽车各产业中,使得整车全景展示、虚拟 4S 店、虚拟驾车训练,甚至未来个性定制化造车都将成为可能。而 VR 技术、内容的创新将成为其发展的原动力。

在此领域内,RealDrive 作为首批行业探路者,借助建模、绘制、交互、模拟等诸多图形学领域技术,开发了针对自动驾驶系统的三大核心产品:自动驾驶训练 Cybertron-Zero、为消费者提供自动驾驶沉浸式乘车体验并为自动驾驶公司搜集消费者体验数据的 Cybertron-Matrix、为自动驾驶实路测试人员设计的 AR 眼镜产品 Cybertron-Eyes。

RealDrive CEO 陈禄表示：新技术不断加速涌现，物联网、虚拟现实、人工智能等不断成为行业风口。在一波又一波的潮起潮退中，我们认识到，一个新技术想要真正地落地和证明其价值，关键在于如何与现有的产业相结合，利用技术解决现有产业链条上的某一特定环节的问题并形成替代方案。因为现有行业的需求已经是被证明了的，相比较凭空创造的用户需求，这种集成式创新的价值无疑更有机会被证明和被市场认可。

4）VR+影视

由史蒂文·斯皮尔伯格导演的《头号玩家》把处于寒冬期的 VR 行业推至高潮，吸引着大量用户关注，潜在带动了行业的发展。张艺谋、贾樟柯、黄晓明、任泉等都跻身到 VR 创业创作的热潮中。VR 作为新技术，优质内容相对缺乏，在影视领域更是如此。对于影视平台而言，如何结合 VR 技术在影视中生产优质内容，成为首要课题。爱奇艺已经在结合自身拥有的 IP，制作 VR 内容，并得到了用户的喜爱。

5）VR+城市

通过虚拟现实技术将城市各区域的规划布局、发展蓝图、城市简介、产业布局、"绿色发展"理念、治理情况等进行全面、综合性展示。配合实时语音解说、智能导图、智能导航等功能，指引用户全面、直观了解城市面貌和城市建设过程。

6）VR+旅游

在旅游和文物保护方面，建设 VR 主题乐园、VR 全景展馆等，以创新文化传播的方式，推动虚拟现实在文物和艺术品展示等文化艺术领域的应用，不断丰富"旅游+"业态，满足群众文化的消费升级需求。

在"互联网+"的时代背景下，国内虚拟现实硬件性能不断提升，产品迭代速度加快，内容也从制作向创造、创新迈进，"VR+"或将成为相关产业增长的新亮点。

参考文献

[1] Stanley G. Weinbaum.Pygmalion's Spectacles[M]. Kessinger Publishing,2010.

[2] 张燕翔. 虚拟/增强现实技术及其应用[M]. 合肥：中国科学技术大学出版社，2017.

[3] 张德丰，周灵.VRML 虚拟现实应用技术[M].北京：电子工业出版社，2010.